ERFINDEN UND KONSTRUIEREN

EIN BEITRAG ZUM VERSTÄNDNIS UND ZUR BEWERTUNG

VON

DR.-ING. G. J. MEYER

ZWEITE
ERWEITERTE AUFLAGE

SPRINGER-VERLAG BERLIN HEIDELBERG GMBH 1926

ISBN 978-3-662-32201-7 ISBN 978-3-662-33028-9 (eBook)
DOI 10.1007/978-3-662-33028-9
SOFTCOVER REPRINT OF THE HARDCOVER 2ND EDITION 1926

Vorbemerkung zur ersten Auflage.

Über Erfindung und Erfinden ist viel geschrieben worden, und zwar meist oder fast ausschließlich vom Standpunkt des gewerblichen Rechtsschutzes, vom Gesichtswinkel des Juristen und Patentfachmannes. Derjenige, den die Sache am nächsten angeht, der erfinderische Ingenieur, hat sich mit diesen Fragen wenig oder gar nicht beschäftigt, und so mag es berechtigt erscheinen, wenn diese Dinge einmal von dieser anderen Seite betrachtet werden. Dabei handelt es sich nicht um Überlegungen, die durchweg Neues bieten, sondern um den Ausdruck dessen, was im Geiste des Erfinders und Konstrukteurs bei seiner Arbeit vor sich geht, was ihm dabei mehr oder weniger zum Bewußtsein kommt, aber, soweit dem Verfasser bekannt, in einer solchen Zusammenfassung noch nicht niedergelegt ist.

Jeder Ingenieur ist heute im Zeitalter engster Spezialisierung vorwiegend in einem stark beschränkten Gebiete tätig und arbeitet fast ausschließlich in diesem erfinderisch. Darum möge entschuldigt werden, wenn manche Überlegungen und die Mehrzahl der Beispiele dem Fache des Verfassers entnommen sind.

Es dürfte dem sachverständigen Leser leicht gelingen, die Erörterungen an den Verhältnissen anderer Teile der Ingenieurtätigkeit zu prüfen und mit entsprechenden Beispielen zu belegen.

Vorbemerkung zur zweiten Auflage.

Die kleine Schrift ist durch Ergänzungen und Hinzufügung neuer Abschnitte über die Kombinationen, die Patentwürdigkeit und die Geschichte einer Erfindung als Beispiel erweitert worden. Letzteres soll zeigen, wie die Entwicklung des Gedankens vor sich ging, welche konstruktiven Aufgaben zu lösen waren und was für andere Arbeit erforderlich wurde, bis ein geschäftlicher Erfolg erzielt werden konnte. Der Laie mag daraus ersehen, daß die Durchführung einer Erfindung bis zum Ende nicht ein Spiel müßiger Minuten ist, sondern schwere, gründliche Mühe.

Das Kapitel über die Konstruktionsregeln ist sehr erheblich ergänzt worden, vielleicht allzusehr für Fernstehende. Wenn diese aber die in technische Einzelheiten gehenden Erörterungen über das Gebiet der elektrischen Schalt- und Meßgeräte überschlagen, so wird das grundsätzliche Verständnis nicht darunter leiden. Der Fachmann dürfte aber eine derartige Durcharbeitung eines engen Bereiches der Technik als Muster, vielleicht auch als willkommene Anregung für eigene Arbeiten begrüßen.

Für diesen Fall sei jedoch darauf hingewiesen, daß manche dieser Konstruktionsregeln heute noch den Gegenstand von Schutzrechten bilden, also bei ihrer Benutzung Vorsicht geboten ist.

Inhaltsverzeichnis.

I. Was ist: Entdecken, Erfinden, Konstruieren?

Die vorstehenden Begriffe stellen Abarten des allgemeineren Begriffs „Finden" dar, und es erscheint notwendig, sie gegeneinander abzugrenzen, um Unklarheiten im folgenden auszuschließen.

Das „Entdecken" hat zwar im engeren Sinne mit dem Gegenstand dieser Arbeit nichts zu tun, aber da sich Erfindung und Entdeckung an manchen Stellen nahe berühren und oft verwechselt werden, erscheint es zweckmäßig, auch letztere zu umschreiben. „Entdecken" heißt: die Decke fortziehen, also etwas Verborgenes sichtbar machen. Es handelt sich demnach um das Auffinden eines Vorhandenen, das nicht bekannt war.

„Erfinden" ist: eine Sache gründlich, von Anfang an, finden. Die Vorsilbe „Er" hat allgemein eine derartige Bedeutung. Wenn von einem Lügner behauptet wird, er habe seine Aussage erlogen, so ist das mehr als gelogen. Eine Figur erdichten, bedeutet sie neu schaffen, während das Dichten allein sich ebensogut auf bekannte, aber in neuer Zusammenstellung betrachtete Gegenstände, in einer neuen Beleuchtung dargestellte Personen beziehen kann. Erklären ist mehr als klären. Erbauen heißt etwas Neues von Grund aufbauen.

Demnach hat man unter Erfinden das Schaffen eines Neuen zu verstehen.

Wenn ein Reisender eine Insel findet, welche vorher natürlich vorhanden, aber nicht bekannt war, so ist das eine Entdeckung. Spricht ein Forscher Naturgesetze zum ersten Male aus, wie Kepler seine Gesetze über die Bewegung der Himmelskörper, so gibt er einer vorhandenen Tatsache nur den Ausdruck, er enthüllt sie, also ist es eine Entdeckung, denn das Naturgesetz hat schon vor seiner Auffindung bestanden und gewirkt, es war nur nicht bekannt.

Wenn das Gesetz in einer scharfen Weise, etwa mathematisch durch eine Formel, festgelegt wird, so ist die Grenze der Entdeckung eigentlich schon überschritten, denn die Erscheinung war wohl vorhanden, die Art ihrer Festlegung aber nicht, die Formulierung ist von dem Forscher neu geschaffen, also erfunden worden. Insofern ist es berechtigt, für manche Entdeckungen auch die Bezeichnung „Erfindung“ zu gebrauchen.

Es kann eingewendet werden, daß die gegebene Definition mit dem Wortlaut des deutschen Patentgesetzes nicht in Einklang stehe, welches im § 1 von „neuen Erfindungen“ spricht. Nach dem Vorstehenden erscheint dieser Ausdruck als Pleonasmus. Er ist es aber nicht, wenn man subjektive und objektive Erfindungen unterscheidet.

Es ist wohl möglich, und es ereignet sich nur allzuoft, daß jemand etwas erfindet, was für ihn selbst neu, was aber anderen oder der Allgemeinheit bereits bekannt ist (subjektive Erfindung). Verfolgt man das amtliche Patentblatt, so trifft man gar häufig, besonders bei den auf Neuheit nicht geprüften Gebrauchsmustern, auf solche „olle Kamellen“. Der Druckknopf oder Drehschalter mit einem im Dunkeln leuchtenden Radiumfleck, der ihn nachts kenntlich machen soll, ist immer wieder angemeldet worden, weil produktive Köpfe sich nicht die Mühe gemacht haben, nachzuforschen, was auf diesem Gebiet schon bestand. Auch dem seit Jahrzehnten in unzähligen Exemplaren benützten Selbstausschalter begegnet man noch bisweilen unter den Anmeldungen.

Im Patentwesen ist dank der Prüfung durch das Amt und dem Einspruchsverfahren eine gewisse Sicherheit gegeben, daß nur objektive Erfindungen, d. h. solche, die nach der Definition des § 2 PG neu waren, den Schutz erhalten. Ob die vom Gesetzgeber gewählte Festlegung sehr glücklich ist, mag als fraglich gelten, da manches allgemein bekannt ist, was sich nicht gerade in Druckschriften befindet oder offenkundig im Inlande vorbenützt war. Daß der Inhalt eines in einem Fachverein gehaltenen Vortrages, einer ausgelegten, aber noch nicht erteilten Patentanmeldung oder eines nicht abgedruckten Gebrauchsmusters, welches die Mitwelt unter Strafe bei Verletzung kennen muß, nicht als bekannt gilt, mag vom juristischen Zweckmäßigkeitsstandpunkt unvermeidlich sein; befriedigend ist dieser Zustand sicherlich nicht. Es sollte wenigstens die Möglichkeit gegeben sein, solches Material im Einspruchsverfahren mit Erfolg gegen die Erteilung von Patenten heranzuziehen.

Der Sprachgebrauch verbindet mit dem Begriffe Erfindung häufig, vielleicht sogar überwiegend, das Kennzeichen, daß das Neue irgendwie verwertbar ist, sei es in wissenschaftlicher oder in wirtschaftlicher Art, daß also die Erfindung die Grundlage weiterer Arbeit oder Tätigkeit bildet. An sich ist diese Nebenbedeutung mit dem Wort nicht verbunden, aber sie hat sich herausgebildet, weil die Erfindung hauptsächlich auf industriellem Gebiete gesucht wird.

Man erfindet Verfahren zur Erzielung bestimmter Wirkungen, etwa zur Steigerung des Ertrages einer Bodenfläche, oder zur Herstellung eines Körpers, eines Heilmittels. Dabei kann das Ergebnis des Verfahrens neu oder altbekannt sein. Das Verfahren kann auch eine bessere, einfachere oder billigere Erzeugung eines bekannten Produktes bedeuten, z. B. auch eines Stoffes aus anderen, besser zugänglichen oder in größerem Umfang erhältlichen Ausgangsbestandteilen: Herstellung des synthetischen Gummis.

Die Erfindung kann sich auf bestimmte Körper beziehen, die vorher nicht vorhanden waren, oder deren Form und sonstige Eigenschaften von dem Bekannten abweichen und dadurch neue Wirkungen erreichen lassen. Solche Erfindungen nennt man auch Konstruktionen, denn das Konstruieren, welches man als Schaffung einer neuen räumlichen Anordnung von Baustoffen kennzeichnen kann, ist eine Abart des Erfindens.

Dementsprechend könnte man streng genommen jede Konstruktion als Erfindung, aber nur bestimmte Erfindungen als Konstruktionen bezeichnen. Man muß dabei das Vorurteil abstreifen, daß jede Erfindung eine große Geistestat und jede Konstruktion eine Selbstverständlichkeit oder übliche Maßnahme des Fachmannes sei. Es hat sich gezeigt, daß derartige Grenzen auf nicht definierbaren, rein quantitativen Werten nicht aufgebaut werden können, sondern sich in der Wirklichkeit vollständig verwischen. Die Unterscheidung ist auch rein individiuell, der eine betrachtet eine Neuerung als hervorragende Erfindung, der andere als untergeordnete Abänderung. Ein Versuch des Verfassers (ETZ. 1911, Betrachtungen über die Grenze zwischen Konstruktion und Erfindung), welcher die Konstruktion auf wenige Gedankenschritte beschränken, die Erfindung bei einer größeren Anzahl gleichzeitig ausgeführter Schritte anfangen lassen wollte, hat sich als nicht durchführbar erwiesen, wie u. a. die Praxis des Patentamtes zeigte.

Weder die Bezeichnung „Erfindung“, noch „Konstruktion“ besagt also etwas über die Höhe der damit verbundenen geistigen Leistung. Es gibt auch ganz kleine Erfindungen und Konstruktionen, die über den Rahmen einfachster Neuschöpfungen nicht hinausgehen. Aber der Sprachgebrauch hat in Anlehnung an die Tätigkeit des Patentamtes doch gewisse Anforderungen als untere Grenze festgesetzt, die für die behördliche Anerkennung der Erfindungseigenschaft und Patentwürdigkeit gelten.

Für Konstruktionen hat sich eine solche Einschränkung nicht eingebürgert, weil dieser Begriff im Patentwesen keine Rolle spielt, und weil die Grenze der Schutzwürdigkeit von Gebrauchsmustern mangels einer Vorprüfung nur in den wenigen Fällen gerichtlicher Austragung von Streitigkeiten erörtert zu werden pflegt, in denen die erkennende Instanz gar kein Mittel findet, um diese recht schwierige Frage bei der Entscheidung herumzukommen.

Im einzelnen Falle wird auch die Auffassung der Parteien meist verschieden sein: der Anmelder ist wohl stets überzeugt, daß seine Leistung eine Erfindung und patentwürdige Geistestat sei, besonders wenn er sich im psychischen Stadium des Erfinderrausches befindet. Der andere, der Einsprechende und Mitbewerber, wird dieselbe Schöpfung gern als normale, fachmännische Maßnahme bezeichnen, und der Prüfer steht vor der schweren Entscheidung. Daß die im allgemeinen erheblich größere Aktivität des Anmelders dabei nur allzuoft die Oberhand gewinnt, auch wenn es nicht berechtigt ist, beweisen die nicht abreißenden Klagen weiter Industriekreise über die „Zuvielpatentierung“ und die ungeheure Kindersterblichkeit der Patente.

Das Konstruieren war als Schaffen einer neuen Anordnung von Baustoffen erläutert worden; sein Ergebnis würde in dieser engsten Auffassung ein neuer Körper sein, d. h. ein solcher, der als Ganzes oder in bestimmten, für die Verwendung wesentlichen Teilen neu ist. Diese Definition erweist sich in der Praxis als zu eng, denn es gibt viele Fälle, in denen die Anweisung zur Herstellung eines Körpers oder einer Verbindung von solchen (Kombination) dem Fachmann ohne weiteres praktisch dasselbe gibt wie die Herstellung selbst. Die Übung des Ingenieurs, für manche räumlich komplizierte Anordnungen schematische Abstraktionen zu setzen, führt dazu, daß die Erfindung oder Konstruktion bisweilen nur in solchen Abstraktionen niedergelegt und zunächst gar nicht in eine konkrete Form übergeführt wird, weil diese Übersetzung für den Fachmann selbstverständlich oder leicht herstellbar, aber in einer Vielzahl räumlicher Gestalten möglich ist.

Ein elektrisches Schaltungsschema ist die Anweisung, wie eine Reihe von Körpern zu einem Stromkreise oder einer Zusammenstellung mehrerer solcher gefügt werden soll. Mit der Aufstellung der Linienführung auf dem Papier ist für den Fachmann eine Mehrzahl von Ausführungen in Eisen, Kupfer und Isoliermaterialien so eng verknüpft, daß man die Vollendung der Konstruktion mit derjenigen des Schaltungsschemas gleichsetzen kann und das Folgende als reine äußere Formfrage zu betrachten hat. Zwischen dem Schema und der räumlichen Gestaltung in konkreten Körpern besteht etwa dasselbe Verhältnis, wie zwischen der Konstruktionszeichnung und der ausgeführten Maschine.

Ähnliche Beispiele bieten die Diagramme, deren sich der Ingenieur zur begrifflichen Vereinfachung verwickelter Erscheinungen bedient. Ein Indikatordiagramm enthält z. B. die Anweisung, den Einlaßschieber an einer bestimmten Stelle des Hubes zu öffnen, ein Vektordiagramm für einen Wechselstromzähler die Vorschrift, in einem Stromkreis eine gewisse Phasenverschiebung des Stromes gegen die Spannung zu erzeugen. Der Dampfmaschinentechniker löst die erste Aufgabe durch entsprechende Einstellungen und Abänderungen an der Steuerung, der Elektrotechniker die zweite durch besondere Verkettungen magnetischer Kreise oder Schaltungen von Selbstinduktionen, Widerständen und Kapazitäten. Eine Verriegelung, die das Eintreten bestimmter Wirkungen von dem Vorhandensein gewisser Bedingungen abhängig macht, kann mit der Feststellung dieses Abhängigkeit als fertige Konstruktion betrachtet werden, die der geübte Kinematiker nach bekannten Regeln in die Wirklichkeit umsetzt. In diesem weiteren Sinne ist die Konstruktion also auch die Anweisung zur Herstellung einer neuen Anordnung von Baustoffen, nicht nur die Herstellung selbst.

Diese Auffassung des Begriffes Konstruktion bezw. des allgemeineren Begriffes Erfindung teilt auch die Rechtsprechung, die eine solche Anweisung an sich mit allen Lösungen schützt, wenn sie zum ersten Male aufgestellt und an einem Beispiele durchgeführt ist. Daß für die Erteilung eines Patentes die Weiterbildung eines Beispieles über die Aufgabe hinaus zur konkreten Lösung oder wenigstens zur Zeichnung derselben verlangt wird, ist eine Zweckmäßigkeit, die verhindern soll, daß Aufgaben geschützt werden, die noch gar nicht gelöst oder mit der Aufgabenstellung nicht ohne weiteres lösbar sind. Ist aber die Form so gegeben, daß eine hinreichend klare, für den Fachmann leicht zu befolgende Anweisung festgelegt ist, so ist damit die Aufgabe bis auf einen praktisch für das Ergebnis belanglosen Rest gelöst.

Aus dieser Auffassung, wonach die Erfindung beendet ist, ohne daß sie körperlich ausgeführt wird, wenn nur die zur Herstellung erforderlichen Angaben hinreichend vollständig und für den Fachmann verständlich niedergelegt sind, muß man den Schluß ziehen, daß die gleiche Feststellung auch für den gelten sollte, der vor der Anmeldung durch einen anderen die Erfindung in gleicher Weise vollendet hat. Es liegt in der Tendenz des deutschen Patentgesetzes, die Erfindungen aus der Verborgenheit herauszulocken, indem der erste Anmelder, und nicht der Erfinder, welcher die Anmeldung unterläßt, das Patent erhält. Diese Bestimmung ist zweifellos volkswirtschaftlich richtig, ebenso wie es sich als zweckmäßig erweist, sie so wenig wie möglich zu durchbrechen.

Aber der Anmelder soll wiederum das zeitweilige Monopol nur für das erhalten, was er der Allgemeinheit gibt, er soll jedoch anderen nicht etwas fortnehmen, was sie bereits haben. Verfolgt man diesen Gedankengang, so müßte der Besitzer einer Erfindung, die im Schubkasten des Schreibtisches verborgen liegt, die Mitbenützung beanspruchen dürfen, was der Absicht des Gesetzgebers widerspräche. So kam man auf den Ausweg aus diesem Dilemma (§ 5 PG), die Benützung oder mindestens die Vorbereitung dazu als Vorbedingung des weiteren Mitbenützungsrechtes zu fordern.

Soweit kann man sich durchaus einverstanden erklären. Aber warum wird als Benützung häufig die körperliche Herstellung verlangt, wenn die Erfindung doch, wie oben gezeigt, bereits mit der vollständigen und verständlichen Anweisung zu ihrer Ausführung vollendet ist? Die Befugnis des Patentes umfaßt (§ 4) auch die Feilhaltung. Dann muß diese doch auch als Benützung (laut § 5) seitens des Vorerfinders gelten, wenn sie von ihm nur vollständig und verständlich genug niedergelegt und der Gegenpartei bei dem Angebot mitgeteilt wurde.

Eine große technische Anlage, etwa eine Brücke oder Kohlenverladeanlage, wird vom Verbraucher bei 5 Firmen angefragt, jede liefert ein vollständiges Projekt; das eine mag eine Erfindung vollständig und deutlich erläutert enthalten, bringt aber nicht den Auftrag. Anderweitig hat die Firma aber keine Gelegenheit zur Ausführung. Eine andere meldet später den Gedanken an. Soll dann der ersten die Benützung verboten werden?

Hier ist nicht eine Änderung des Gesetzes, wohl aber liberale Auslegung seitens des Patentamtes und der Gerichte zu wünschen.

Noch ein Hinweis über den anzustrebenden Schutz: das Gebrauchsmuster ist die gegebene Form für die Konstruktion, besonders die „kleine", welche nicht allzuviel Gedankenarbeit und nicht große wirtschaftliche Bedeutung enthält. Wichtigere Konstruktionen sollten stets zum Patent angemeldet werden, schon um den Vorteil der amtlichen Neuheitsprüfung zu genießen, und für Erfindungen, welche keine Konstruktionen sind, z. B. Verfahren, kommen nur Patente in Frage.

Konstruktionen waren als Schaffung einer neuen Anordnung von Baustoffen definiert worden. Es wird sich dabei nur um räumliche Gebilde handeln können, daher ist das Gebiet der Konstruktion im Wesentlichen die mechanische Industrie. In der chemischen Industrie werden neue Anordnungen von Baustoffen als Endzweck nicht vorkommen. Eine andere chemische Verbindung kann man nicht so bezeichnen, und ein Herstellungsverfahren fällt auch nicht unter diese Definition. Einrichtungen für chemische Zwecke sind aber nicht als Endziel dieser Industrie zu betrachten, sondern als Hilfsvorrichtungen, deren Erzeugung nicht der chemischen, sondern der mechanischen Industrie zufällt.

Die Ausführungen, die im Folgenden über Konstruktionen gemacht werden, beziehen sich demnach ausschließlich auf die mechanische Industrie.

II. Stellung der Aufgabe.

Jede Erfindung oder Konstruktion fängt mit der Stellung der Aufgabe an, und manche ist mit der richtigen Stellung der Aufgabe bereits gelöst. Es ist daher zunächst zu untersuchen, wie sich diese im allgemeinen vollzieht.

Wie in dem ganzen, hier zu betrachtenden Gebiet kann man gewisse Regeln auffinden, welche die überwiegende Mehrzahl der Fälle decken. Manchmal allerdings, wenn auch selten, kommt es aber anders.

Man kann zwischen primärer und sekundärer Aufgabenstellung unterscheiden. Im ersteren Falle liegt zunächst die Aufgabe vor, und der Erfinder sucht nach der Lösung. Im anderen Falle macht der Betreffende irgendeine Beobachtung, die ihn zur Aufsuchung einer Verwertung dafür anregt.

Die primäre Aufgabenstellung ist auf einen unbefriedigenden Zustand zurückzuführen. Es haben sich z. B. in der Praxis bei den vorhandenen Einrichtungen Übelstände gezeigt, die der Erfinder zu beseitigen sucht: es handelt sich um Entfernung störender Nebenerscheinungen oder grundsätzlicher Fehler. Der Wirkungsgrad einer vorhandenen Einrichtung ist zu gering, die Verluste größer als zulässig. Mangel an geeigneten Arbeitern drängt zu maschineller Herstellung. Unglücksfälle oder Zerstörung wirtschaftlicher Werte erfordern Schutz- und Sicherungsmaßnahmen. Ein anderer Fall besteht darin, daß die Anfertigung eines Gegenstandes zu kompliziert oder zu teuer ist, daß die Ausgangskörper selten oder nicht in genügender Menge vorhanden sind, unter Umständen, daß die bisherige Erzeugungsweise zu einer unerwünschten Abhängigkeit vom Auslande führt. Ein sehr wesentliches Anregungsmittel bildet die Konkurrenz, die zur Verbesserung, Vereinfachung, Verbilligung anspornt. Schließlich soll noch der durch vorhandene Schutzrechte auf die Mitbewerber ausgeübte Druck erwähnt werden, die vorhandene Lösung einer Aufgabe durch eine andere, möglichst bessere, jedenfalls aber unabhängige zu ersetzen, oder das Bedürfnis auf einem ganz anderen Wege zu befriedigen.

Man darf solche Umgehungserfindungen nicht als etwas Unzulässiges oder auch nur Unfaires betrachten. Es ist ja gerade der Zweck des Patentgesetzes, immer mehr, immer neue, immer bessere Erfindungen herauszulocken, um die Tätigkeit der Industrie zu befruchten und der Allgemeinheit zu nützen. Wohl mag der erste Patentinhaber traurig sein, wenn die Konkurrenz den von ihm gewonnenen Vorsprung einholt, ihn wohl gar überflügelt. Aber das ist im gewerblichen Leben nicht zu vermeiden, wenn ein gesunder, rascher Fortschritt eintreten soll. Das Patent soll ja seinem Inhaber nicht zum Vorwand dienen, auf seinen Lorbeeren, zum Schaden der Allgemeinheit, auszuruhen.

In den meisten Fällen dieser primären Aufgabenstellung handelt es sich um industrielle Bedürfnisse, die vorwiegend, wenn nicht ausschließlich, den sachkundigen Kreisen zum Bewußtsein kommen, für den Außenstehenden aber unbekanntes Land bedeuten. In den beteiligten Fachkreisen ist dabei das Gefühl des Unbefriedigtseins häufig weit verbreitet, dann spricht man davon, daß die Erfindung in der Luft liege, und es ist Sache des Zufalls, wer von den vielen Bewerbern der erste ist. Solche Erfindungen werden nicht selten gleichzeitig oder nahezu gleichzeitig, aber unabhängig von verschiedenen Seiten gemacht, weil die gleiche Unzufriedenheit zur Stellung gleicher Aufgaben veranlaßt. Dieser Fall tritt insbesondere dann ein, wenn ein Verbraucher den verschiedenen Erzeugern das Bedürfnis mitteilt, ohne eine unmittelbare Lösung zu geben.

Diese „Duplizität der Erfindungen“ ist also weder selten, noch ein so überaus unerklärliches Spiel des Zufalls, wie manche Leute behaupten, die in jeder Erfindung einen Geistesblitz erblicken. Wer hinter die Kulissen schaut, findet das nur natürlich und wundert sich, daß der Fall nicht häufiger eintritt.

Ganz anders entsteht die sekundäre Aufgabe. Sie zeigt sich besonders auf dem Gebiet der wissenschaftlichen Forschung. Die planmäßige Entwicklung der Untersuchungen führt zu Ausgestaltungen, die neue Wege bieten. Es handelt sich meist um Ausläufer, die ohne gründliche Durchforschung dem Betreffenden kaum zum Bewußtsein gekommen wären. Einfache Erscheinungen werden untersucht, dies führt zur Aufstellung allgemeinerer Gesetze, die man möglichst in das mathematische Gewand von Formeln kleidet, und durch Veränderung derjenigen Größen, die bisher als unveränderlich betrachtet wurden und daher meist wenig Beachtung erzielten, erschließt man neue Gedankenreihen, die sich praktisch auswerten lassen. Wer nicht stark mathematisch eingestellt ist, erreicht dasselbe meist durch anderweitige Überlegung.

In solchem Falle ist dann das Primäre die aus den Untersuchungen abgeleitete Tatsache, also oft eine Entdeckuug, das Sekundäre die daraus entwickelte Frage: „Wozu läßt sich die Sache verwerten?"

Eine Abart der sekundären Aufgabenstellung entsteht daraus, daß diese Frage auf eine nicht planmäßig gesuchte, sondern nur nebensächlich, gewissermaßen zufällig gemachte Beobachtung angewendet wird. Der ausströmende Dampf eines Teekessels führte Papin zur Verwertung der Spannung des Wasserdampfes und verursachte die Entwicklung, die die Erfindungen des Dampfkessels, der Dampfmaschine, der Dampfturbine auslöste.

Solche Beobachtungen, die unbeabsichtigt dem Geiste des Erfinders entgegentreten, können ganz neue Gedankenfolgen bei ihm anklingen lassen, können aber auch das fehlende und gesuchte Schlußstück einer Reihe bilden, die in seinem Gehirn in ihren Einzelbestandteilen aufgespeichert lag, und nur des Abschlusses harrte. Ein Beispiel ist der fallende Apfel, der das Gravitationsgesetz von Newton auslöste, und die überlaufende Badewanne, die dem Archimedes die Bestimmung des spezifischen Gewichtes einer goldenen Krone eingab.

Der an zweiter Stelle geschilderte Fall der sekundären Aufgabenstellung, der an die nicht gesuchte Beobachtung anschließt, setzt oft eine ungewöhnliche Empfindlichkeit des Geistes voraus und wird häufig als geniale Erfindung bezeichnet. Es handelt sich aber vorwiegend um eine besondere Schärfung der Beobachtungsgabe, die meist das Resultat einer andauernden Erziehung oder Selbsterziehung ist.

Vorstehendes bezog sich nur auf die Aufgabe, die als erster Ausgangspunkt der Arbeit dient. Oft muß diese Form erst umgewandelt werden, um den Ansatz zur Lösung zu ermöglichen.

Dem Archimedes ist die primäre Aufgabe gestellt, nachzuweisen, ob eine Krone aus reinem Golde angefertigt ist. (Erste Form der Aufgabe). Ohne weiteres ist die Lösung unmöglich, denn chemische Kenntnisse stehen ihm nicht zur Verfügung, er muß mit physikalischen Mitteln arbeiten. Also erinnert er sich, daß Gold schwerer ist als die anderen gelben Metalle und Legierungen, d. h., daß ein Körper aus Gold mehr wiegt als ein gleicher aus anderem Stoff. Es ist das Gewicht der Raumeinheit der Krone zu bestimmen (Zweite Form der Aufgabe). Das macht man, indem man das Gewicht durch das Volumen dividiert. Das Gewicht ist mit einer Wage leicht zu messen, wie aber bestimmt man das Volumen eines unregelmäßigen Körpers, wie diese Krone? (Dritte Form der Aufgabe.)

Erst bei dieser Fassung ist der Ansatz zur Lösung gefunden; das Weitere ist bekannt. Archimedes beobachtet, wie er in die Badewanne steigt, daß ein gewisses Quantum Wasser überläuft, und daß das verdrängte Volumen gleich dem seines eingetauchten Körpers ist. Daran schließt er die Folgerung, daß er das Volumen der Krone durch Verdrängung des Wassers messen kann, indem er die Krone hineintaucht, und damit ist die Lösung gegeben.

III. Der allgemeine Gedankengang.

Im folgenden soll der sich meist wiederholende Gedankengang in der Entwicklung einer Erfindung beschrieben werden, wobei der häufigste Fall, nämlich derjenige der primären Aufgabenstellung, zugrunde gelegt wird. Auch in dem anderen Falle ist mit der ersten Aufgabenstellung die Erfindung oder Konstruktion meist noch nicht vollendet, so daß ein ähnlicher Gedankengang einsetzt.

Es ergibt sich im allgemeinen eine wechselnde Reihe analytischer und synthetischer Überlegungen, indem jeder Gedanke vereinfacht und auf seine grundlegenden Bestandteile untersucht, dann seine Anwendbarkeit auf die Aufgabe geprüft wird, Abänderungen unter Benützung des Grundgedankens entworfen und auf ihre Brauchbarkeit durchforscht werden, usf.

Die Aufgabe stellt sich selten zu Anfang in einer derartigen Form dar, daß man damit schon etwas Rechtes anfangen kann (siehe unter II.). Das Unbefriedigtsein über Störungen und Schäden bei den vorhandenen Einrichtungen löst zunächst die allgemeine Aufgabe aus, es besser zu machen. Nun wird analysiert, inwiefern das Vorhandene unbefriedigend ist, d. h. aus den Erscheinungen wird herausgezogen, was erwünscht und was unerwünscht ist. Diese wichtigen Gesichtspunkte sind aber meist durch eine Fülle nebensächlicher Erscheinungen verdeckt oder entstellt, die erst fortgebracht werden müssen, damit nur das Wesentliche übrig bleibt.

Ist dies geschehen, so wird man eine Kausalreihe aufzufinden suchen, welche die unerwünschte Wirkung auf die erzeugenden Ursachen zurückführt, und wird diese Reihe je nach Bedarf zu den tieferliegenden Ursachen verfolgen.

In diesem kleinen Zusatz „je nach Bedarf" liegt ein wesentliches Kennzeichen der Gewandtheit und Geschicklichkeit des Konstrukteurs. Es kommt darauf an, die Kausalreihe weit genug zu verfolgen, aber auch nicht zu weit. Beide Fehler, die ungenügende und die übermäßige Verfolgung, führen zu falschen Lösungen, und die Herausfindung des kritischen Punktes, an dem die Abänderung einzusetzen hat, entscheidet über den Erfolg, sowie über die zur Lösung aufzuwendende Arbeit.

Ein Beispiel aus der Elektrotechnik zeigt dies deutlicher: Überlastungen und Kurzschlüsse in elektrischen Stromkreisen haben zu Beschädigungen geführt, indem Leiter zerstört oder benachbarte Teile in Mitleidenschaft gezogen wurden. Die erste Aufgabe besteht darin, diese Schäden zu vermeiden. Sie entstehen durch eine zu hohe Temperatur des betreffenden Leiters. Diese Temperatur wieder ist eine Folge einer größeren Reihe von Ursachen, unter denen zu hohe Stromdichte eine besonders auffallende ist. Man kann nun mit den Abänderungsentwürfen bei dem Punkte beginnen, der durch die zu hohe Temperatur des Leiters gegeben ist. Man kann aber auch die Kausalreihe weiter zurück verfolgen, und bei der zu hohen Stromdichte einsetzen. Der erste Weg führt auf thermische Schutzvorrichtungen, deren Temperatur oder Übertemperatur zu derjenigen des betrachteten, zu schützenden Leiters (Schützling) in Beziehung gesetzt wird, der zweite zu dem Überstromschutzvorrichtungen, bei denen nicht mehr die Temperatur des Leiters, sondern die ihn durchfließende Stromstärke für die Entwicklung der Sicherungsvorrichtung zugrunde gelegt wird.

Da nun die Temperatur des Leiters nicht allein von der Stromdichte abhängt, sondern z. B. von Zeitdauer der Belastung, Vorgeschichte, Kühlung, Raumtemperatur, so wird die Überstromschutzvorrichtung, welche die weiter einwirkenden Ursachen vernachlässigt, unvollkommen wirken. Bei zu hoher Raumtemperatur z. B. wird die Überstromschutzvorrichtung keine genügende

Sicherheit, bei sehr niedriger Temperatur aber eine übertriebene Sicherheit bieten, d. h. im ersten Falle schaltet sie den Leiter nicht aus, obwohl er zu warm ist, und im zweiten schaltet sie ihn aus, wenn die Erwärmung noch lange nicht gefährlich geworden ist.

Geht man also in der Kausalreihe nicht so weit zurück, sondern setzt bei der Betrachtung der gefährlichen Temperaturen an, so kommt man auf sachlich richtigere Lösungen, wenngleich die Entwicklung derselben bis zur einwandfreien Wirkung eine umfangreiche Arbeit erfordert.

Ist der kritische Punkt in der Kausalreihe festgelegt, so muß die Lösung hier angeknüpft werden, und zwar entweder, indem man durch Einführung neuer Bedingungen eine Abänderung hervorruft, welche die gewünschte abweichende Wirkung hervorbringt, oder indem man der Reihe eine ganz andere Richtung gibt. Hier kommt die Übung und Geschicklichkeit des Konstrukteurs in der Bildung von Gedankenassoziationen in Frage, indem die allgemein feststehenden Regeln ausgenutzt oder an Stelle einzelner Elemente mehr oder weniger gleichwertige gesetzt werden, indem gleichartige Lösungen aus anderen benachbarten oder ferner liegenden Gebieten der Technik herangezogen, oder schließlich Gedanken miteinander verknüpft werden, die vorher einen sichtbaren Zusammenhang nicht hatten. Diese verschiedenen geistigen Operationen sollen später getrennt behandelt werden, im vorliegenden Zusammenhang genügt es, zu erwähnen, daß sie zu einer abweichenden Kausalreihe führen, die, in der Richtung von der Ursache zur Wirkung weiter verfolgt, auf synthetischem Wege eine neue Lösung gibt.

Damit ist aber Konstruktion oder Erfindung noch lange nicht fertig, wenngleich manches Patent in diesem Stadium angemeldet wird. Der richtige Ingenieur nimmt die gefundene Lösung unter die Lupe und analysiert sie zunächst nach dem Gesichtspunkt der Brauchbarkeit und der Störungsmöglichkeiten. Für diese Untersuchung bieten sich zwei Formen, nämlich die theoretische, in Gedanken und auf dem Papier, und die praktische mittels des Experiments. Der rechte Ingenieur wird beide benutzen und in Erkenntnis der vielen Fehlerquellen, die seinen Überlegungen anhaften können, und der zahlreichen Vereinfachungen, die er für die Ableitung machen mußte, das Gefundene nicht eher als eine wirkliche Lösung betrachten, als das Experiment ihm die Richtigkeit bewiesen hat.

Letzteres ist wieder in zwei Arten möglich, nämlich als Laboratoriumsexperiment unter vereinfachten, gewissermaßen stilisierten Bedingungen und als Versuch in der Praxis mit Berücksichtigung ihrer vielgestaltigen Anforderungen und der Einflüsse langer Zeiten und allmählicher Veränderungen und Abnützungen. Erst der zweite, der richtige, große Versuch gibt die Gewähr, daß in der Ableitung kein Fehler vorhanden ist, allerdings kostet er meist viel Zeit.

Als Beispiel sei die Konstruktion eines Hochspannungsisolators angeführt. Da läßt sich vieles auf Skizzenblock und Reißbrett rechnen und entwerfen, aber das Papier ist geduldig und trägt einen Fehler, ohne ihn merken zu lassen. Findet man mit Überlegungen und Rechnungen keinen Irrtum heraus, so führt man ein Stück aus, wobei sich manchesmal noch Fehler während des Herstellungsprozesses zeigen, etwa eine nicht genügend beachtete Materialanhäufung an einer Stelle, welche Rißbildung beim Brennen und Fabrikationsausschuß bewirkt. Ist der Isolator in der gewünschten Form fertig, so wird er ins Prüffeld gebracht und einer verschärften Untersuchung unterzogen. Die Erschwerung der Bedingungen kann aber immer nur in bestimmten Richtungen stattfinden, z. B. bezüglich der Höhe der angelegten Spannung. Andere Gesichtspunkte lassen sich im Laboratorium nicht untersuchen, z. B. der Einfluß jahrelang andauernder elektrischer Beanspruchung durch die Betriebsspannung, allmähliche Beeinflussung durch Nebenumstände, die sich im Laboratorium nicht nachbilden lassen, wie etwa Niederschlag von Staub, Ruß (Schwerindustrie), Erzteilchen (Hüttenwerke), Salz (an der Meeresküste) aus der Luft. Wie weit eine Verschärfung der Prüfspannung diese nicht voraus zu schätzenden, allmählichen Verschlechterungen ausgleichen kann, läßt sich nicht übersehen, hier kann nur die Prüfung der tatsächlichen Praxis ein Urteil ermöglichen.

Damit ist die Erfindung immer noch nicht fertig, selbst wenn sie alle Prüfungen bestanden hat. Sie ist dann nur zu einem vorläufigen Abschluß gekommen, denn es ist durchaus nicht gesagt, daß die gefundene Lösung, wenn sie auch genügt, nun gerade die günstigste und zweckmäßigste unter allen Möglichkeiten ist. Der

Konstrukteur fängt wieder an, zu analysieren. Er schält aus der gefundenen Lösung durch Fortlassung alles Nebensächlichen und durch Verallgemeinerung der einzelnen Kennzeichen zu möglichst vielseitigen Begriffen eine prinzipielle Grundform heraus. Diese ist infolge des geschilderten Prozesses natürlich reichlich abstrakt. Daher setzt wieder die synthetische Betrachtung ein, um möglichst vielseitige, konkrete Lösungen, d. h. Abänderungen der erstgefundenen zu entwickeln. Jede solche ist eine neue Lösung, und jede muß wie die erste untersucht werden, wie weit sie brauchbar ist, und welche Störungen sie ergibt.

Die Erfahrung zeigt, daß die erste Lösung selten die beste ist, sondern daß man auf dem geschilderten Wege von verwickelten, unhandlichen, unpraktischen Formen systematisch zu besseren gelangt. Der erste Weg ist meist ein Umweg.

Wenn nun unter den Lösungen die in bezug auf die Wirkung besten herausgesucht sind, kommt die praktische Auslese an die Reihe. Es handelt sich dann darum, unter mehreren, sachlich ganz oder annähernd gleichwertigen Lösungen diejenige herauszufinden, die technisch und vor allen Dingen wirtschaftlich die günstigste ist. Denn der Ingenieur, auch der Erfinder, will schließlich Wirtschaftswerte erzeugen und arbeitet, wenn auch bisweilen unbewußt, nach dem energetischen Gesetz. Mit einem Mindestaufwand von Mitteln das Höchste und Beste an Wirkung zu erzielen, ist der Zweck jeder Erfindung und Konstruktion. Und dieses Optimum findet man nur durch andauerndes Vergleichen verschiedener Lösungen, daher muß jede Arbeit bis zum Schluß in dieser Weise durchgeführt werden. Wer mit der ersten Lösung aufhört, mag sich als „Erfinder" betrachten, der rechte Ingenieur, ob Erfinder oder Konstrukteur, muß die Sache in der geschilderten Weise bis zum Schluß durchdenken.

An diese Entwicklung schließt sich bisweilen noch ein weiteres Verfahren, indem das Ergebnis zur Grundlage einer neuen Untersuchung gemacht wird, ob und wieweit es noch für andere Zwecke anwendbar ist. Es kommt vor, daß auf diese Weise die vollendete Konstruktion weiteren Gesichtspunkten angepaßt werden kann und dadurch neue Gebiete befruchtet oder erschlossen werden. Allerdings gehört dies schon nicht mehr zur ersten Erfindung, sondern bedeutet eine sekundäre Aufgabenstellung und Überleitung zu einer zweiten.

Mit dieser Arbeit ist nun die Erfindung zu einer gewissen Gedankenreife gebracht, sie ist aber in diesem Zustande nicht mehr als ein Stück Papier oder bestenfalls eine Patentanmeldung. Jetzt beginnt erst die wirkliche Arbeit und Mühe, die Erfindung lebensfähig zu machen, aus einem hilflosen Wickelkind einen schaffenden Menschen zu erziehen, aus dem blassen Gedanken Taten und wirtschaftliche Werte herzustellen. „Ein Kinderspiel ist es eben nicht, Gedanken in Fleisch und Blut, in Holz und Eisen zu verwandeln" (Eyth).

An einem Beispiel wird später die ganze Entwicklung gezeigt (Abschnitt XIII).

IV. Das Gesetz des geringsten Aufwandes.

Das vielgestaltige Bild der Konstruktionen und Erfindungen wird, wie das ganze wirtschaftliche Leben, von dem es einen Teil bildet, durch das Grundgesetz des geringsten Aufwandes beherrscht, und fast alle Aufgaben, die Konstruktionen und Erfindungen auslösen, lassen sich auf dieses Gesetz zurückführen. Der angestrebte Zweck muß mit den geringsten Mitteln erfüllt werden, und von mehreren Lösungen ist stets diejenige die beste, die dem Gesetze am meisten entspricht.

Dieser Grundsatz hat das technische Denken von jeher beherrscht, lange ehe Ostwald dafür den Namen des energetischen Imperativs prägte.

Dabei muß jede einseitige Betrachtung vermieden werden, denn es kommt auf das Endergebnis an, und oft wird ein vorzüglicher Wirkungsgrad eines Teiles mit schlechteren Eigenschaften anderer verbunden sein, so daß das Gesamtresultat doch nicht das Beste wird.

Wie das Minimum einer Kurve auf beiden Seiten von ansteigenden Ästen begrenzt wird, so tritt auch das Minimum des Aufwandes bei einer ganz bestimmten Kombination ein, und eine Verschiebung nach der einen oder anderen Seite bewirkt eine Verschlechterung.

Jede Konstruktion stellt ein Kompromiß zwischen sich widerstrebenden Gedankenreihen dar. Eine Brücke kann durch Mehraufwand an Material stärker und sicherer gemacht werden, aber damit steigen die Baukosten, und es ist Sache des Konstrukteurs, einen bestimmten Sicherheitsgrad festzulegen und nicht mehr Material aufzuwenden, als zur Erreichung dieses Sicherheitsgrades an allen Teilen des Bauwerks unbedingt notwendig ist. Die einzelnen Wissenschaften der Technik geben die Anweisung, wo das Material unentbehrlich ist, und es ist ein Fehler, des äußeren Aussehens wegen Verschwendung zu treiben. Das Auge des Beschauers lernt an guten Ausführungen und bildet sich in der Schätzung der Massen. Als der Eiffelturm erbaut wurde, galt er für ein Wunder, man betrachtete ihn als überschlank, und mancher Laie zweifelte an der Festigkeit und Beständigkeit. Heute hat man sich an die elegante, feine Gliederung gewöhnt und würde das, was dem älteren Betrachter vertrauenerweckender erschienen wäre, plump finden. Solche Überlegungen führen auf die Entwicklung des Stiles der Technik.

Man kann durch immer weitergehende Verbesserungen und Verfeinerungen den Wirkungsgrad einer Maschine steigern, aber je höher dieser ist, um so mehr steigt der Aufwand zu seiner weiteren Verbesserung. Geht man in dieser Richtung zu weit, so entsteht eine nutzlose Wirkungsgradfexerei. Das Gesetz vom geringsten Aufwande schreibt in diesem Falle vor, daß die gesamten Betriebskosten ein Minimum werden, und in ihnen spielen Amortisation und Verzinsung eine wichtige Rolle. Mit dem Aufwand an Material und Arbeit, der zur Erhöhung des Wirkungsgrades nötig ist, vergrößern sich die Anschaffungskosten und es kommt ein Punkt, wo die vermehrte Verzinsung und Amortisation die Ersparnis an eigentlichen Betriebskosten, z. B. Kohle, überwiegen.

Bei gleichem Anschaffungspreis wird eine Maschine, die selten mit Vollast arbeitet, nicht dann die beste Wirkung ergeben, wenn sie bei Vollast den höchsten Wirkungsgrad, bei normalem Betrieb mit halber oder dreiviertel Last dagegen einen schlechteren gibt. Nicht der theoretische Wirkungsgrad, sondern der des tatsächlichen Betriebes ist maßgebend.

Ein Porzellanisolator kann durch Vergrößerung der Kriechwege, also Anbringung vieler Rippen, in der Richtung verbessert werden, daß seine Überschlagspannung steigt. Auf den vielen Wülsten setzt sich aber Staub an, und diese Form erschwert die Reinigung. Bleibt der Staub liegen, so verringert sich dadurch wieder die Überschlagspannung, und wird er regelmäßig und rechtzeitig entfernt, so kostet dies Wartung, also Arbeit und Geld, und stört im Betriebe. Zwischen den beiden Endwerten des glatten Isolators ohne Rippen und des zu stark gerippten Körpers hat der Konstrukteur den praktisch vorteilhaftesten Mittelweg durch ein Kompromiß zu wählen.

Als besonders kostbares Gut ist das Menschenleben und die menschliche Gesundheit in die Rechnung einzustellen. Das führt auf Sicherungsmaßnahmen, und man sollte glauben, daß wenigstens in dieser Beziehung keine Grenze gezogen sei. Und doch besteht überall eine solche, denn zu viel Sicherungsmaßnahmen können durch erhöhte Komplikation das Gegenteil erreichen, eine Konstruktion verschlechtern, ja geradezu unwirtschaftlich und unmöglich machen.

Die Kosten der menschlichen Arbeit, die Schwierigkeit, den richtigen Mann an eine bestimmte Stelle zu setzen, die Unzuverlässigkeit des Maschinenteils „Mensch“ führen zur Ausbildung selbsttätiger Vorrichtungen. Hierin darf man aber auch nur so weit gehen, als mit dem Gesetz vom geringsten Aufwande zu vereinigen ist, denn je mehr die selbsttätige Wirkung angestrebt wird, um so komplizierter werden die Einrichtungen und um so größer die Störungsmöglichkeiten. Das Bedienungspersonal, das mit selbsttätigen Einrichtungen arbeitet, kommt leicht in die Gefahr, allzuviel darauf zu vertrauen und nachlässig zu werden. So erscheint die zurückhaltende Stellung der Eisenbahnverwaltung gegen eine weitreichende Einführung selbsttätiger Zugdeckungen durchaus verständlich. Ein Zuviel ist auch hier vom Übel, es vergrößert die Unsicherheit und damit den Aufwand.

Auf dieses Grundgesetz sind schließlich alle die vielfachen Kompromisse in der Technik zurückzuführen, die wohl bei jeder Konstruktion auftauchen. Hier seien noch andeutungsweise einige weitere Beispiele genannt:

Ersparnis an Gewicht bei Flugzeugen oder schnell bewegten Teilen gegen Verringerung der Festigkeit und der Leistung (z. B. der Motoren).

Verkleinerung der Dimensionen von Schaltern, Sicherungen usw. zur Verringerung des Raumbedarfs, der Baukosten (Schalttafeln, aber auch u. U. Gebäude) und Erhöhung der Übersichtlichkeit gegen Anforderungen der Schaltleistung, der dauernden Betriebssicherheit.

Vorsichtsmaßregeln zum Schutz des Bedienenden (Kapselung, Abdeckung, Verriegelungen, Kupplung zusammengehöriger Apparate) gegen gute Übersicht, leichte Wartung, mäßigen Kraftbedarf.

Feine Einstellung (z. B. bei Überstromschutz) gegen ungestörte Aufrechterhaltung des Betriebes.

Selektivschutz von Verteilungsnetzen (Abschaltung nur kranker Teile) gegen Überlastungsschutz (Abschaltung gefährdeter, aber gesunder Teile).

Vergrößerung der Zeigerlänge an Meßgeräten (bessere Ablesung) gegen Verringerung der schwingenden Masse (bessere Dämpfung).

Verringerung des Eigenverbrauches von Zählern, oder ihrer Dimensionen und Gewichte (Kleinzähler) gegen dauernd zuverlässiges, gleichmäßig ungestörtes Arbeiten.

Verfeinerung der Stromabnahmetarife (Berücksichtigung von Energiespitzen, Entnahmezeiten, Blindlast) gegen Einfachheit des Betriebes und der Wartung und geringe Anschaffungskosten.

Bis ins äußerste durchgebildete Fehlermeldesysteme gegen Anforderungen an Raum, Wartung, Geld.

Die kleine Auslese mag genügen. Schon der alte Horaz war derselben Meinung: „Sunt certi denique fines, quos ultra citraque nequit consistere rectum“.

V. Konstruktionsregeln.

Es gibt feststehende Regeln für den Entwurf von Konstruktionen, die teils für das ganze Gebiet der allgemeinen Konstruktionslehre gelten, teils aber sich nur über ein mehr oder weniger enges Sonderfeld erstrecken. Diese Regeln stellen den Niederschlag vergangener Erfahrungen, guter wie schlechter, dar, und ihre Zahl vergrößert sich mit den wachsenden Kenntnissen. Eine neue Erfindung wird allmählich zum Gemeingut und dann zur selbstverständlichen Regel. Die Erfindung des Hörnerblitzableiters zeigte, daß eine bestimmte Gestaltung der zum Lichtbogen führenden Stromwege eine dynamische, ausblasende Wirkung, wenigstens bei größeren Stromstärken, auf denselben ausübt. Heute wird jeder Konstrukteur von Schaltern für mittlere und große Stromstärken die Bauart so wählen, daß dieselbe Gestaltung der Stromfäden bei der Bildung des Lichtbogens auftritt und damit die dynamische Blaswirkung erzielt wird. Wer das nicht kann, verdient sein Gehalt nicht.

Es würde zu weit führen, wenn man diese Regeln, auch nur in einem gedrängten Überblick, hier aufzählen würde. Es handelt sich zunächst darum, zu zeigen, daß sie vorhanden sind und für die Entwicklung von Konstruktionen und Erfindungen eine wertvolle Beihilfe bieten. Im Interesse der Fortbildung würde die Feststellung des gesamten Umfanges dieser Regeln für das Gebiet der gesamten Technik und für ihre einzelnen Arbeitszweige sehr erwünscht sein, und zwar müßten solche Zusammenstellungen in gewissen Zeitabständen wiederholt und ergänzt werden, da sich der Kreis dieser Regeln andauernd erweitert. Derartige Sammlungen würden dem Konstrukteur und Erfinder eine wertvolle Hilfe gewähren und unsere Literatur zweckmäßig ergänzen. Allerdings erfordert ihre Aufstellung eingehende Kenntnisse, nicht nur auf einem Sondergebiet, und unsere besten Köpfe sind durch ihre praktische Tätigkeit stark in Anspruch genommen und scheuen die Preisgabe ihrer Erfahrungen. Wenn man aber bedenkt, daß jeder einzelne von den Veröffentlichungen der anderen mehr lernen dürfte, als er selbst gibt, so scheint diese Befürchtung unbegründet. Geben ist manchmal sogar rentabler als Nehmen, wenigstens als ausschließliches Nehmenwollen. Es kommt nur darauf an, daß einer mit gutem Beispiel vorangeht, die Nachfolger werden sich sicherlich finden.

Als grundlegenden Anfang für die „Gebote des Konstrukteurs" möchte der Verfasser folgende allgemein gültigen Sätze vorschlagen:

1. Übe Kritik! Klebe nicht am Hergebrachten, sondern prüfe, warum die üblichen Formen gerade so und nicht anders entstanden sind, und ob die Gründe dafür auch heute noch so wichtig, die Gründe dagegen noch ebenso zu vernachlässigen sind.

2. Wenn du dich überzeugt hast, daß die vorhandene Basis gut ist, oder wenn einer, der es besser versteht, dir Richtlinien zur Ausarbeitung gegeben hat, so versuche nicht, die Sache durchaus anders zu machen und vergeude nicht deine Kraft damit, Bewährtes umstürzen zu wollen.

3. Sei vorsichtig mit Faustformeln und Faustregeln! Sie gelten nur in dem engen Bereich, für den sie abgeleitet wurden. Prüfe,

ob sie überhaupt etwas wert sind, ob du noch in diesem Bereich bleibst, wie weit du dich aus ihm entfernst, und ob eine Extrapolation noch zulässig ist.

Eine Zusammenstellung der Erfahrungen und Konstruktionsregeln, die sich auf ein bestimmtes Arbeitsgebiet beziehen oder in sachlicher oder formaler Verbindung stehen, kann die Grundlage eines neuen Wissenszweiges bilden, der dann als eigene Wissenschaft weiter entwickelt wird. Ein derartiges Beispiel bietet die Kinematik.

Die Beobachtung der eigenen Tätigkeit des Konstrukteurs und ein Vergleich mit den auf dem Markte befindlichen Konstruktionen, das Studium der Entwicklung eines oder mehrerer Industriezweige während eines hinreichenden Zeitraumes (20 Jahre, bisweilen mehr) und eine kritische Durchsicht der einschlägigen Patente und Gebrauchsmuster, sowie der zugehörigen Literatur ergeben ein reichhaltiges Material für solche Zusammenstellungen.

Hat man Reihen von Apparaten, Maschinen oder anderen Geräten zu entwerfen, so beginnt man mit der Feststellung der Stufen, derart, daß die einzelnen Glieder der Reihe einen zweckmäßigen Abstand erhalten. Dabei ist die arithmetische Reihe oft unbrauchbar. Ein Motor von 2 PS hat einen genügenden Unterschied von einem solchen von 1 PS, dagegen wird man nicht 101 PS neben 100 PS führen. Man verwendet vorzüglich die geometrisehe Reihe, so z. B. bei Stromstärken die Zehner-Reihe

$$10, 16, 25, 40, 60, 100, 160 \text{ usf.},$$

oder, wenn diese zu grob ist, die Zwanziger-Reihe

$$10, 12{,}5, 16, 20, 25, 32, 40, 50, 60, 80, 100, 125 \text{ usf.}$$

In anderen Fällen, wo eine Rücksicht auf das Dezimalsystem unnötig, dagegen bei Drehstrom die Umschaltung von Stern auf Dreieck von Bedeutung ist, empfiehlt sich eine geometrische Reihe mit dem Schritt $\sqrt{3}$ (Schweizer Vorschlag für Spannungsstufen), also

$$1, 1{,}7, 3, 5{,}5, 9, 16, 27, \text{ usf.}$$

Jedenfalls sollte zuerst die grundlegende Reihe der Hauptwerte (Ströme, Spannungen, Leistungen, Dimensionen verschiedener Art) aufgestellt werden, ehe man in die Einzelheiten der Konstruktion geht. Nachher ist es zu spät, wie der Verband Deutscher Elektrotechniker bei dem Versuch einer Normung der Stromstufen erfahren mußte. Wenn erst einzelne Stufen willkürlich festgesetzt und in die Praxis eingeführt sind, ist eine Abänderung, so große Vorteile sie grundsätzlich bieten mag, schwer durchführbar, erfordert aber zum mindesten große Opfer.

Einen guten Überblick über ein Gebiet erhält man, wenn man die beabsichtigten Anordnungen in Form einer Preisliste oder des Gerippes derselben aufstellt (natürlich zunächst ohne Preise und Gewichte). Da zeigt sich bei sorgfältiger Prüfung jede Abweichung vom logischen Aufbau. Man kann sich solche bis zu einem gewissen Grade erlauben, wenn anderweitige Gründe, z. B. verschiedene Beurteilung großer und kleiner Stufen, Preisermäßigung unter technischer Vereinfachung der kleinen, höhere Leistungen und Sicherheitsgrade für die großen Fabrikate, dazu drängen. Aber mehr Abweichungen, als man in Form von Anmerkungen zur Preisliste dem Käufer noch zumuten kann, sollte man auch grundsätzlich, vom technischen Standpunkte aus niemals zulassen.

Nachstehend sind eine Anzahl Konstruktionsregeln zusammengestellt, welche fast ausschließlich dem besonderen Arbeitsgebiete des Verfassers, dem Bau elektrischer Apparate und Meßgeräte, sowie ihrer Zusammenstellung in Schaltanlagen, angehören, aber doch zum Teil allgemeinere Gesichtspunkte erkennen lassen. Da sich ein folgerichtiges System wohl niemals aufstellen lassen wird, so muß man eben mit einem Sondergebiet als Beispiel anfangen, auf die Gefahr hin, zunächst recht einseitig zu erscheinen.

Formveränderungen gegenüber bekannten Anordnungen sind auf mannigfache Gesichtspunkte zurückzuführen: Anpassung an neue Materialbeanspruchungen in bezug auf mechanische Festigkeit, elektrische Leitfähigkeit, Isolation und besondere Leistungen, wie geringe Verluste beim Betriebe und Erhöhung des Wirkungsgrades (Schaufelform von Turbinen, Bemessung von von Abbrennstellen an elektrischen Apparaten, Dichtungen). In Fällen, in denen die Beanspruchung sich nicht geändert hat, wird eine bessere Anpassung an das Gesetz vom geringsten Aufwande gesucht, sei es durch Ersparnis von Material, sei es durch Verringerung der Erzeugungsarbeit, jedenfalls eine Verbilligung der Herstellungs- oder Betriebskosten, wenn möglich beider gleichzeitig.

Rein wirtschaftliche Gesichtspunkte sind maßgebend für die Zusammenfassung getrennter Teile zu einem Ganzen, für die Verschmelzung von Einzelteilen mit verschiedener Wirkungsweise zu einer Einheit mit mannigfacher Wirkung. Umgekehrt kann die Zerlegung einheitlicher Körper in mehrere Teile eine leichtere und billigere Herstellung (Vermeidung von Kernguß, Zusammensetzung aus Teilen, die sich zur Massenfabrikation eignen) oder eine Verwendung von Normalien ermöglichen. Je nach dem Einzelfalle wird von den beiden entgegengesetzten Konstruktionsgedanken der Zusammenfassung und der Zerlegung der eine oder der andere benützt werden.

Für den Betrieb oder den Einbau kann es zweckmäßig sein, einzelne Teile oder Geräte, die stets zusammen verwendet werden, in ein gemeinsames Gehäuse zu verlegen, was bei elektrischen Einrichtungen noch den Vorteil bietet, einen erheblichen Teil der Schaltungsarbeit in die Fabrik zu ziehen, also dem Abnehmer Mühe und Fehlermöglichkeiten zu ersparen. Beispiele: Funkenstrecken mit Widerständen, Anbau von Relais am Schalter. Dabei ergibt sich auch die Möglichkeit, elektrische Übertragungen durch mechanische zu ersetzen: aufgebaute Auslöser an Ölschaltern.

In anderen Fällen wird man wieder die Unterteilung wählen, um eine große Anzahl von Kombinationen aus verhältnismäßig wenigen Elementen zu erzielen. Man gelangt so zu einer Art von Baukastensystem, wie es beim gekapselten Schaltmaterial, insbesondere für Niederspannung, allgemein durchgeführt worden ist. Aus Schalt- und Sicherungs-, Verteilungs- und Meßkästen, Sammelschienengehäusen und ähnlichem Zubehör lassen sich wie aus Bausteinen, mit oder ohne Verwendung von Zwischengliedern, die mannigfaltigsten Anlagen zusammenstellen, und zwar beim Abnehmer. Auch Erweiterungen werden von diesem mit entsprechenden Ergänzungsstücken leicht ausgeführt.

Ist der Zusammenbau nicht so einfach, so muß er in der Fabrik erfolgen, aber im Grunde genommen nach demselben Prinzip: Ölschalter, Schlüpfkupplungen, Auslöser verschiedener Art, Merklampen- und Meldekontakte, Vorkontakte und Schutzwiderstände, Einschaltmagnete oder Motorantriebe, mechanische Steuer- und Anzeigevorrichtungen werden in dieser Weise in beliebigen Kombinationen zusammengestellt und gekuppelt. Statt der mechanischen Einwirkung kann dabei natürlich je nach Bedarf auch die elektrische treten, was entsprechende Schaltung an Ort und Stelle bedingt: Ölschalter mit Arbeits-, Ruhestrom- oder Wandler-Auslösung durch Sekundärrelais, welche von Strom- und Spannungswandlern gespeist werden. Der Vorteil ist die Vermeidung der Magnete in der Hochspannung und die bessere Zugänglichkeit und Wartung (Einstellung, Säuberung und Prüfung) der Relais im Betriebe.

Der räumliche Zusammenbau verschiedener Apparate auf Schalttafeln oder in Kästen bietet viele Möglichkeiten. Die Pole eines Schalters werden meist nebeneinander gesetzt und durch Brücken unmittelbar oder mittelbar gekuppelt. Es kann aber auch eine Raumersparnis bedeuten, sie in einer Art Tandemanordnung übereinander in die gleiche Ebene zu legen, was in Schiffsanlagen mit Erfolg angewendet wurde. Das Schaltmesser wird in dem einen Kontaktbock selbst oder in einem besonderen, nicht stromübertragenden Lagerbock geführt, der Betätigungsbügel in einem oder zwei Außenlagern, wenn er nicht fliegend an den Messern hängt.

Eine Sicherung kann über oder unter dem Schalter sitzen, aber auch neben oder hinter ihm (Schalter vor, Sicherung hinter der Tafel), ja sogar in ihm, indem der Sicherungseinsatz einen Bestandteil des durch eine Isolation unterbrochenen Messers bildet. Jede dieser Anordnungen hat ihre Vorzüge und ihre Nachteile, welche der Konstrukteur im einzelnen Falle abzuwägen hat.

Soll ein Schaltkasten einen Strommesser erhalten, so kann dieser eingebaut oder als besonderer Baustein angesetzt werden, letzterer oben oder unten, wie die Besichtigung sich am günstigsten gestaltet. Innen kann der Strommesser über, unter oder zwischen den anderen Apparaten (Schalter, Sicherungen) sitzen. Auch vor denselben, z. B. im Deckel, kann er angebracht sein, am Unterteil fest oder mit dem Deckel beweglich.

Die Sicherheit des Bedienungspersonales und der Anlagen führt zur Verwendung von Abdeckungen und Kapselungen strom- oder spannungsführender oder Lichtbogen erzeugender Teile (Schutzkästen, Funkenkappen, isolierende Wände, leichte Blechkästen, schwere Gußkapseln). Die Übersichtlichkeit und Wartung (Reinigung, Prüfung von Kondaktstellen, Messung) steht dem gegenüber. Man findet daher zwischen diesen Forderungen Kompromisse in allen Schattierungen: leicht abnehmbare Hüllen, Schalter hinter den Bedienungstafeln oder Isolierwänden und Mauern, Schalter in erheblicher räumlicher Entfernung mit mechanischem oder elektrischem Antrieb, auch vereinzelt solchem durch Druckluft oder Druckwasser.

Hochspannungs-Schaltanlagen werden durch Schottenwände in eine große Anzahl von abgeschlossenen Räumen zerlegt, deren Trennwände Durchführungen für die unbedingt erforderlichen Leitungen erhalten, allerdings auch bisweilen nur Löcher, durch die Qualm und Gase hindurchtreten, man aber auch beobachten kann. Die Räume, in denen Explosionen möglich sind (Ölschalter- und Transformatorenzellen) werden mit Explosionsklappen und Bruchwänden (leicht herausdrückbare Blechtüren und Jalousien, bei kleinen Kästen Papier- oder Pergamentfenster, bei Ölschaltern Ventile und Auspuffrohre) versehen und an die Außenwand des Gebäudes verlegt, damit der Druck sich nach außen ausgleichen kann. Die Verqualmungsgefahr führte zur Ausbildung von Rauchkammern, welche die Ölkessel der Schalter enthalten und oben durch die Deckel derselben abgeschlossen sind. Isolatoren, Leitungen, Antriebe und Zubehör befinden sich darüber, also mehr oder weniger frei zugänglich und übersichtlich.

Wo man keine Explosionen fürchtet oder diese durch Einbau des Ölkessels in den Erdboden unschädlich macht, kommt man zur gänzlichen Aufgabe der Trennwände und unterschiedlichen Geschosse des Gebäudes, also zum vollständig freien Hallenbau. Dieser, ebenso wie die Freiluftanlagen lösen allerdings die Aufgabe der Übersichtlichkeit in vollkommener Weise, soweit das bei dem Gewirr von Leitungen, Sammelschienen und Gestängen möglich ist.

Wo man aber die mehrgeschossige Anordnung und die Trennwände nicht ganz aufgeben will, oder gar eine weitgehende Kapselung wünscht, da muß wenigstens für bestimmte Teile die Übersichtlichkeit gewahrt werden. So werden Durchbrüche zwischen den Geschossen oder rostförmige Fußböden vorgesehen, um von der Bedienungsstelle gewisse wichtige Apparate, wie Trennschalter, Anzeigevorrichtungen und Meßgeräte von weitem zu beobachten. Oder diese Apparate werden räumlich so zusammengedrängt, z. T. auf Kosten der Leitungsführung, daß sie von einem Punkt leicht zu übersehen sind.

Ein anderer Gedankengang bestimmt die Konstrukteure, auf die Übersichtlichkeit der Apparate selbst ganz zu verzichten, ja die Schaltanlage vom Bedienungsraum, der Warte, vollständig zu trennen und hier nur Fernanzeige- und Fernsteuerungsmittel anzubringen. Die Flachschalttafeln werden dann im Kreisbogen oder Vieleck um den Kommandoplatz aufgestellt, die Steuerschalter auf einem Pult vereinigt, und ein Schaltschema mit Merklampen und Stellungsanzeigern gibt mit einem Blick den Zustand aller wesentlichen Teile der Anlage kund, so daß der Betriebsleiter seine Verfügungen danach treffen kann.

Die elektrische Fernanzeige und Fernmessung erlaubt auch, dieselbe Größe an mehreren Stellen gleichzeitig zu beobachten und zu registrieren. Man stellt bei der Maschine Schalt- oder Meßsäulen für den Maschinenwärter auf, und der Betriebsleiter hat in seinem Zimmer noch einen Satz der wichtigsten Meßgeräte, meist in schreibender Anordnung, so daß er, ohne sich vom Schreibtisch zu entfernen, genau weiß, was in der Anlage vorgeht.

Als Übertragungsmittel für mechanische Steuerungen und Anzeigevorrichtungen werden die des allgemeinen Maschinenbaus verwendet: Gestänge und Wellenantriebe, Ketten und Seile, seltener Riemen und Stahlbänder. Für geringere Kräfte und verzwickte Linienführung haben sich die Bowden-Züge gut bewährt: Drahtseile, welche in schmiegsamen Spiraldrahtumhüllungen laufen und sich jeder Krümmung gut anpassen. Biegsame Wellen und Übertragungen mit Kardangelenk sind seltener.

Aus dem Maschinenbau übernommen sind die meisten Verbindungselemente, wie Keile, Splinte, Querstifte und Nutenkeile, aufgeschrumpfte Naben und Ringe, Verschraubungen, Kupplungen (meist mit etwas Spiel gehende Klauenkupplungen, ferner die in der Elektrotechnik allein üblichen Isolierkupplungen) usw. Auch manche Methode der Feinmechanik wird verwendet: Verquetschen, Umbiegen und Falten von Blechkörpern, Löten, Anlacken (bei Meßgeräten), Bajonettverschlüsse. Eigenartig ist die Technik des Kittens keramischer Isolatoren mit Gips oder Zement, bei Anforderungen an Ölbeständigkeit oder Öldichtigkeit mit Bleiglätte und Glyzerin (vollkommene Öldichtigkeit ist durch einen Überzug von Bakelitlack auf der Innenseite erreichbar), ferner das Vergießen von Öffnungen, die isoliert werden sollen, und von Hohlräumen in Isolatoren, mit Vergußmasse.

Die letzgenannten Methoden gestatten auch die Unterteilung allzu großer Isolierkörper in mehrere, leichter herstellbare Stücke. Durchführungen für sehr hohe Spannungen werden fast ausschließlich mehrteilig angefertigt, was bei Einschaltung geerdeter Fassungen auch eigenartig geknickte Formen ermöglicht. Auch große Stützer für Innenräume werden bisweilen aus kleineren Normalelementen gleicher oder sich stufenweise vergrößernder Gestalt (z. B. konisch) zusammengesetzt. Bei Freileitungsisolatoren sind die einteiligen Glocken durch mehrere Scherben unter Zusammenkittung (möglichst mit Kitt von gleichem Ausdehnungskoeffizienten und elastischen Zwischenlagen) oder Zusammenhanfung ersetzt worden, eine moderne Type bilden die Hängeisolatoren in Hewlett- oder Tellerform mit Kappen, welche die Verwendung einer beliebigen Elementenzahl, ja die nachträgliche Veränderung derselben in der Anlage ermöglichen.

Die Materialfrage der Isolationstechnik ist sehr verwickelt. Es gibt keinen Stoff, der für alle Zwecke gleich geeignet ist. Wenn Luft nicht durchschlagsicher genug ist, verwendet man Preßluft (statische Meßgeräte) oder Öl, auch Vergußmassen, Kabel-Compound, Wachs- und Harzmischungen. Feste Isolatoren für niedrige Spannung sind Schiefer und Marmor, deren hygroskopische Fehler durch Imprägnierung mit Öl oder Anstrich mit Lack und Ölfarbe verringert werden. Gepreßte gummihaltige und besonders gummifreie Isolierstoffe (letztere Mischungen von Pech oder Asphalt, besser Kunstharze, wie Bakelit, mit Füllstoffen, wie Holzmehl, Schiefer- oder Kaolinpulver, auch Schwerspat, und Zusätzen von Faserstoffen, wie Asbest, Tierhaare, Pflanzenfaser, zerzupftes Papier) gestatten die genaue Herstellung komplizierter Formen in großen Mengen, sind aber mehr oder weniger schwer bearbeitbar und oft nicht befriedigend bezüglich der mechanischen Festigkeit und Zähigkeit, besonders bei höheren Temperaturen (80 bis 100° C). Feuersichere Körper, wie Asbestschiefer und Preßteile aus Asbest-Zementmischungen mit Kleb- und Füllstoffen, sind meist stark hygroskopisch. Ausgezeichnete Isolatoren, besonders für höhere Spannungen, sind keramische Materialien, wie Porzellan, Steinzeug, Glas; sie leiden aber an mehr oder minder großer Ungenauigkeit durch das Schwinden, an schlechter Bearbeitbarkeit und Sprödigkeit. Vorzüglich, wenn auch etwas hygroskopisch, sind bei einwandfreier Herstellung die Hartpapiere, insbesondere Bakelitpapiere. Ihre geringere elektrische Festigkeit längs der Schichten läßt sich durch Eindrehen oder Einhobeln von Nuten, sowohl in Luft, als auch besonders unter Öl, erheblich verbessern. Auf einige andere Materialien, wie Faserstoffe mit und ohne Imprägnierung, Papier und Pappen, Vulkanfiber, Elfenbein, Galalith, sei nur kurz verwiesen.

Der elektrotechnische Konstrukteur wird bei hinreichender Stoffkenntnis durch richtige Auswahl sehr viel erreichen können. Das gleiche gilt auch für die andere Seite, die Materialkunde der Leiter, insbesondere der Metalle.

Massive Stromschienen, insbesondere für große Stromstärken, dehnen sich merklich aus, so daß, wie bei Rohrleitungen, die Einschaltung nachgiebiger Zwischenstücke (Litzen, schmiegsame Bänder) erforderlich werden kann. Anschlüsse an Schalter für hohe Stromstärken sollten überhaupt nur nachgiebig ausgeführt werden. Bei Wechselstrom hoher Stärke führt die Hautwirkung zur Unterteilung des Querschnitts, zur Verwendung von Rohren, die sich bei hoher Spannung auch zur Bekämpfung der Strahlungen eignen, und Seilen.

Aluminium ist ein guter Leiter, besitzt aber an jeder Kontaktstelle eine Fehlermöglichkeit. Es ist also nur da zur Stromübertragung zu verwenden, wo große Längen ohne Unterbrechung möglich sind. Bei Freileitungen reicht unter Umständen seine Festigkeit nicht aus, dann benützt man Stahl-Aluminiumseile.

Federnde Kontaktteile werden aus Messing, Bronze, Tombak und Kupfer hergestellt. Ist dabei die Federung nicht genügend sicher, besonders bei Erwärmung im Betriebe, so greift man zu Beilagen aus Stahl: Stahlbleche über den Kupferzuleitungen an Klotzkontakten, Ringfedern für doppeltgebogene Kontaktböcke in Messerschaltern, Stahlauflagen bei Bürsten, Sprengringe und Spiralwulstfedern für Steckkontakte. Diese mechanischen Beilagen sind so zu formen, daß die eigentlichen Kontaktflächen mehr oder weniger frei drehbar sind und sich den Gegenflächen anpassen können.

Für die Kontaktflächen hat sich Kupfer auf Kupfer nicht so gut bewährt, wie Messing auf Kupfer. Bei kleinen Strömen wird Silber, auch Platin und Wolfram verwendet, ferner Quecksilber.

In der Nähe starker oder hochfrequenter Wechsel-Magnetfelder ist massives Eisen zu vermeiden; man unterteilt es oder greift zu unmagnetischen Metallen, wie Aluminium und seine Legierungen, Messing, Bronze. Bei sehr starken Feldern sind auch diese zu unterteilen oder durch Isolationsstücke zu ersetzen.

Neben der Aufgabe der Stromübertragung im Betriebs- und der Isolierung im Ruhezustande sind im Apparatebau die Bedingungen des Stromschlusses und der Strom-(Leistungs-)Unterbrechung zu erfüllen. Erstere erfordert, abgesehen von der bisweilen verwendeten Momenteinschaltung durch gespannte Federn und den Vorkontakten mit ihren am oder im Schalter oder getrennt angeordneten, manchmal auch auf das Schaltmesser aufgewickelten Widerständen, keine besonderen Hilfsmittel.

Die Stromunterbrechung ist fast ausnahmslos mit der Bildung von Funken oder Lichtbögen verbunden, deren Löschung meist besondere Maßnahmen bedingt. Die Momentausschaltung durch Federn ist sehr weit verbreitet, aber durchaus nicht immer empfehlenswert, bei Wechselstrom sogar eher schädlich. Moment-Ein- und Ausschaltung durch getrennte Federn oder durch eine einzige, welche bei der Bewegung des Handhebels über den toten Punkt hinweg verlegt wird, ist in Deutschland wenig gebräuchlich, in England aber häufig.

Für kleinste Leistungen, wo jedoch einfache Stiftkontakte zur dauernden Stromübertragung nicht genügen, verwendete man früher Quecksilbernäpfe mit herauszuziehenden Zapfen aus Kupfer oder Eisen. Sehr verbreitet, weil nennenswerte Schaltleistung mit geringem Arbeitsaufwand ergebend, sind die Quecksilberkippröhren mit Füllung durch ein neutrales (sauerstofffreies) Gas, bei denen die Unterbrechung durch Auseinanderlaufen des Quecksilbers erfolgt.

Größere Metallmassen als Elektroden wirken durch Abkühlung löschend, z. B. bei den Rollenableitern für Wechselstrom. Das in Amerika gepriesene „Antiarcing metal“ (Zink) hat sich wenig bewährt, besser ist Messing oder Kupfer, viel benützt als Abbrennkontakt auch Kohle. Die Unterbrechung soll dabei an breiten Flächen erfolgen, die den Fußpunkt des Lichtbogens auseinanderziehen und dadurch besser abkühlen.

Noch zweckmäßiger ist es, den Fußpunkt des Lichtbogens wandern zu lassen, so daß er an immer neue, kalte Metallteile kommt, und ihn dabei auch noch auseinander zu ziehen. Dieses

Prinzip findet sich bei Hörner-Elektroden an Schaltern, Sicherungen und Funkenstrecken, wobei die Bewegung des Lichtbogens durch thermischen oder dynamischen Auftrieb, letzteren mit oder ohne magnetisches Gebläse oder Eisenarmierung erfolgt. Bei Überspannungsschutzvorrichtungen hat man auch eine Elektrode dauernd oder während der Gefahrzeiten (Gewitter) schnell bewegt, z. B. mittels eines Kleinmotors rotieren lassen.

Auch Druckluft oder ein eingeblasener Luftstrom ist zur Löschung verwendet worden, ferner Isolierwände, die sich in den Raum des Bogens schieben oder in die er hinaufgeblasen wird. Bei Sicherungen (Stöpseln) wird der Schmelzfaden von isolierendem Pulver (Sand, Talkum) umgeben, welches durch die Abwesenheit von Luft eine Gasverbrennung verhindert und in den Schmelzkanal eindringt. Man muß bei Sicherungen ferner die verdampfende Metallmasse so klein wie möglich halten, was durch weitgehende Unterteilung in dünne parallelgeschaltete Drähte (Stöpsel), durch richtige Auswahl des Materiales (Silber und Kupfer, aber nicht Blei oder Lotlegierungen) und durch Anwendung dünner Nebenschmelzeinsätze, welche zuletzt durchgehen, bewirkt wird. Sicherungsstreifen unter Öl dagegen dürfen keinen zu hohen Schmelzpunkt haben, sie sind aus Zink oder Zinn herzustellen, und zweckmäßig durch Isolierstreifen wellenförmig hindurchzuziehen, wodurch Vielfachunterbrechung erreicht wird.

Die wichtigste Löscheinrichtung ist zur Zeit Öl oder eine andere isolierende, möglichst nicht brennbare Flüssigkeit (z. B. Tetra-Chlor-Kohlenstoff). In Öl sind die bei Luftschaltern verwendeten Mittel zum Teil noch wirksamer, auch die Schaltgeschwindigkeit, welche durch starke Federwirkung, Schnappkontakte, Mehrfachunterbrechung (die sich auch in Luft bewährt), noch erhöht werden kann. Statt den Bogen durch das Öl zu ziehen, treibt man auch letzeres in ihn hinein, was durch Löschkammern selbsttätig bewirkt wird. Vorstufenschalter mit Widerständen können bei entsprechender Bemessung der letzteren mit Erfolg zur besseren Löschung der Lichtbögen verwendet werden. Dabei wird je nach dem Widerstand der Vorkontakt, jedenfalls aber der Abbrennkontakt in einer Löschkammer angeordnet, während bei großen Stromstärken der Hauptkontakt besser außerhalb derselben bleibt. Die Amerikaner legen den Hauptkontakt oft aus dem Ölkessel heraus in Luft.

Um eine Entzündung des leider nun einmal brennbaren Öles zu verhindern, erhöht man die Ölsäule über der Unterbrechungsstelle, so daß die aufsteigenden Blasen sich noch genügend abkühlen, ehe sie das ölgasgeschwängerte Luftpolster erreichen, oder baut besondere Kühlsiebe oder Führungsrippen in ihren Weg. Auch hat man die Luft ganz aus dem Schalter entfernt, ja durch indifferentes Gas (Stickstoff) ersetzt. Auch Anwendung höheren Druckes durch explosionsfeste Ausbildung der Gefäße und besondere Kompression, z. B. durch die Schalterbewegung selbst oder durch Druckakkumulatoren, ist benutzt worden.

Es versteht sich von selbst, daß die angegebenen Mittel zur Lichtbogenlöschung beliebig kombiniert werden können, wodurch die Wirkung stark erhöht wird.

Bei großen Kurzschlußströmen muß die Konstruktion deren thermische und dynamische Wirkungen berücksichtigen, wozu hinreichende Versteifungen und Vermeidung unnötiger magnetischer Kräfte durch geschickte Linienführung des Stromes und hinreichende Abstände, ferner Herabsetzung der Stromdichten dienen. Bürsten sind so anzuordnen, daß sie durch das Magnetfeld nicht von ihren Gegenkontakten abgehoben, sondern an dieselben angedrückt werden. Trennschalter sind durch Sperrungen zu sichern, wenn nicht durch Vermeidung einer Schleifenbildung im Stromwege eine unbeabsichtigte Öffnung durch dynamische Kräfte verhindert wird.

Ein besonderes Kapitel bilden die Reguliervorrichtungen, welche bei selbsttätigen Apparaten, Meßgeräten und Meßschaltungen von großer Wichtigkeit sind. Es kann oft empfehlenswert sein, solche Organe zuzufügen, um die Montage zu vereinfachen; trotz der scheinbaren Komplikation kann man dabei im Gesamtpreis sparen.

Man unterscheidet grobe und feine, mechanische, elektrische und magnetische Reguliervorrichtungen. Das Gebiet ist so umfangreich, daß einige Schlagworte zur Kennzeichnung genügen müssen.

Regulierschrauben, bis zur Drei- und Vierschraubeneinstellung verfeinert (Dauermagnete in Zählern).

Verbiegen von Blechstreifen (Selbstschalter, Zähler) und von Spulen (billige Meßgeräte).

Abkneifen oder Abfeilen zu langer Teile (Distanzhalter, Remanenzstifte).

Anbringen von Gewichten aus Lot, Lack, Wachs (Ausbalancierung in Meßgeräten, Abgleichung von schwingenden Zungen bei Resonanzkörpern).

Verschieben von Kurzschlußringen (Zähler).

Veränderung des magnetischen Widerstandes durch Stellungsveränderung von Kernen und Schlußstücken (Auslöser und Relais), magnetische Nebenschlüsse (Meßgeräte, Zähler), Ausnützung von Sättigung und Streuung.

Umschaltung von Spulen (von Serien- auf Parallel-, von Stern- auf Dreieckschaltung.)

Zu-, Ab- und Gegenschaltung von Spulen.

Auf- und Abwickeln von Windungen an Spulen.

Kurzschließung von Spulenteilen (besonders bei Gleichstrom).

Sekundärwicklungen mit verschiedener Belastung (Widerstände, Selbstinduktionen, Kapazitäten) und Kurzschlußwindungen bei Wechselstrom.

Vorschaltwiderstände, Vor- und Parallelwiderstände bei Spannungsspulen. Hierbei gleiche oder verschiedene Temperaturkoeffizienten der verschiedenen Teile zur allmählichen Beeinflussung der Wirkung oder Verzögerung.

Ein- und Ausschaltung von Spulen (ermöglicht erhöhte Beanspruchung gegenüber dauernd belasteten Spulen, erhöhte Empfindlichkeit von Relais).

Parallelwiderstände, Kurzschließung und Öffnung bei Hauptstromspulen.

Entlastungseinrichtungen werden im elektrischen Apparatebau in mannigfacher Form verwendet: in bezug auf mechanische Kräfte (Klinkenschlösser bei größeren Selbstausschaltern, Seilentlastung der Kessel von Ölschaltern durch Schienen und Haken), für die dauernde Stromübertragung (Parallelkontakte und besondere Schalter), für die Strom- und Leistungsunterbrechung (Abbrennkontakte, welche auch bisweilen als getrennte, mechanisch oder elektrisch gekuppelte Luft- oder Ölschalter ausgebildet sind, Vorkontakte mit Schaltstufen, ebenfalls eingebaut oder als besondere Schalter), für die Stromeinschaltung zur Begrenzung des Einschaltstoßes (wiederum Vorkontakte mit eingebauten oder getrennten Widerständen), zur Begrenzung der elektrostatischen Felddichte an Isolatoren (vorgeschobene innere Elektroden und Belege, Außenschirme und Strahlungsringe, wie die sog.

„arcing rings“, Strahlungskapseln und in einfachster Form verrundete Kanten). Vorwiegend im Meßgerätebau, aber auch im Apparatebau dienen zur Stromentlastung Nebenschlüsse, zur Spannungsentlastung Vorschaltwiderstände und Drosseln, auch Kondensatoren. Begrifflich sind auch Strom- und Spannungswandler hierher zu rechnen. Bei Überspannungsschutzvorrichtungen werden die Drosseleinrichtungen (Widerstände, Drosselspulen, Schalt- und Anzeigespulen) von Hochfrequenzentladungen durch einfache oder mehrfach verzweigte Stromwege (Funkenstrecken, Kondensatoren, induktionsfreie Widerstände) entlastet.

Zentralisation und Dezentralisation, d. h. Zusammendrängung der Wirkung an einem Punkte oder Verteilung auf eine größere Anzahl solcher, längs einer Linie oder über eine Fläche, ergeben oft praktische Lösungen oder Anhaltspunkte zur Abänderung.

Das Wasserrad wird an einem Punkte beaufschlagt, das Peltonrad durch mehrere Düsen, die Francisturbine am ganzen Umfang.

Bei der Hebelübertragung greift die Kraft stets an demselben, gleichbleibenden Punkte an, daher mit wechselndem Hebelarm und beschränktem Hub, beim Zahnrad sind es einige, stets wechselnde Punkte mit gleichbleibendem Hebelarm, beim Kettentrieb erheblich mehr Punkte, bei Riemen- und Bandantrieb nennenswerte Teile der ganzen Umfangslinie, und bei Seilübertragung meist mehr als ein ganzer Umfang.

Ein Zugmagnet wirkt wie ein Hebel, also mit beschränktem Hub und veränderlichem Drehmoment, beim Motor, dessen ganzer Umfang in stetem Wechsel mitarbeitet, ist ein gleichbleibendes Moment und ein beliebiger Hub zu erzielen.

Konzentrierte Kapazität wird in Form von Schutz- und Phasenausgleichskondensatoren verwendet, in den Kabeln ist die Kapazität des Netzes verteilt. Ähnlich: zusammengedrängte Blindlasterzeugung in Phasenschiebern und zersplitterte in den vielen Motoren der Verbraucher; daß die eine meist kapazitiv, die andere induktiv ist, gehört zn einem späteren Punkt.

Der Überspannungsschutz des Erdseils, der Glimmentladung an den Freileitungen selbst oder an Stacheldrahthilfsleitern ist über das ganze Netz verteilt, derjenige durch Funkenableiter und Stationsglimmschütze auf wenige Punkte zusammengedrängt.

Der Drosselspulenschutz wird meist viel häufiger angewendet, bildet also eine Mittelstufe.

Beseitigung unerwünschter Nebenwirkungen. Ein weites Feld! Es sei an die magnetische Schirmung von Meßgeräten oder empfindlichen Relais erinnert, an alle die Feinheiten, welche zum Ausgleich der Temperatur, Spannungs-, Frequenzfehler ersonnen wurden und in guten Spezialwerken zu finden sind.

Eine Kompensation durch gleiche, aber räumlich entgegengesetzte Wirkungen wird oft zur Beseitigung der Abhängigkeit von der Raumtemperatur verwendet. Zwei gleiche Wärmeausdehnungs- oder Deformationskörper, die beide von der Umgebung, von denen aber nur einer von der Meßgröße beeinflußt sind, wirken gegeneinander, oder der Korrektionskörper stellt den Arbeitskörper selbsttätig auf den gleichen Nullpunkt ein. Bei Messingpendeln an Uhren verwendet man Quecksilberfüllungen, die den Schwerpunkt vermöge ihres abweichenden Ausdehnungskoeffizienten um ebensoviel nach oben rücken, wie die Verlängerung des Messingkörpers des Pendels ihn durch die Erwärmung nach unten verlegen würde.

Vektoriell entgegengesetzte Mittel werden in der Elektrotechnik viel benützt: Drosseln (Pupinspulen, Eisenarmierung an Kabeln, Löschtransformatoren) zur Bekämpfung unerwünscht hoher Kapazität oder der kapazitiven Erdschlußströme; umgekehrt Ausgleichskondensatoren oder Phasenschieber mit voreilendem Blindstrom zur Unschädlichmachung induktiver Belastung durch Motoren.

Charakteristische Kurven. Man spricht von ihnen nur selten, zumeist wenn sie eine unerwünschte Form haben. (S. a. unter IX, Technisches und erfinderisches Denken.)

Die Charakteristik des Dreheisenmeßgerätes ist quadratisch, d. h. seine Skala im Anfang eng, am oberen Ende offen. Für Spannungsmesser ist das gut, weil man ja mit annähernd konstanter, im oberen Bereich liegender Netzspannung rechnen kann. Beim Strommesser will man aber eine lineare, d. h. gleichmäßige Skala haben, um kleine Ströme ebenso gut ablesen zu können, wie große. Man hat die Aufgabe durch besondere Bemessung der Wicklungen und der Eisenkörper, d. h. Beeinflussung der Sättigung und Streuung befriedigend gelöst, ja sogar unten offene und oben zusammengedrängter Skalen erzielt, was für Synchronisierzwecke und Spannungsverlustrelais von Bedeutung ist. Andere Hilfsmittel hierfür, die aber als etwas unnatürlich anmuten, sind Vorschaltung von veränderlichen Widerständen mit hohen Temperaturkoeffizienten oder gar Umschaltung des Meßbereiches an einem bestimmten Punkt der Skala. Auch Vorschaltung stark gesättigter und erheblich streuender Stromwandler hat sich bewährt. Ähnliche Mittel, sowie Veränderung des magnetischen Widerstandes mit der Stromstärke durch einen von dieser gesteuerten Hilfsanker sind für Wechselstrom-Amperestundenzähler versucht worden, haben aber die dort erforderliche Genauigkeit der linearen Charakteristik nicht in ganz befriedigender Weise erzielt.

Bei Wirbelstrombremsen ist die Charakteristik ebenfalls quadratisch, soll aber oft linear umgeformt werden; dazu dienen ebenfalls die erwähnten Mittel.

Vorschaltwiderstände mit negativem Temperaturkoeffizienten (Nernstkörper) dienen zur Verstärkung der Abhängigkeit, also zur Auseinanderziehung der Skalen in obere Bereiche.

Ein stark eisengeschlossener Elektromagnet vergrößert seine Zugkraft bei Anziehung seines Ankers erheblich. Will man sie am Anfang verstärken, so verwendet man keilförmige Nasen am Magnet und Anker; will man am Schluß ein sanftes Auslaufen haben, so schwinkt der Anker in eine Öffnung des Magnetkörpers hinein; soll die Bewegung am Ende mit einem kräftigen Schlag erfolgen, so läßt man Magnet und Anker mit parallelen Flächen zusammenkommen.

Magnete mit offenem, eisenlosen Rückschluß haben in einer gewisen Mittelstellung die größte Zugkraft, bei weiterem Hub nimmt sie erheblich ab. Konstanten Zug auf dem ganzen Wege erzielt man mit Magneten nicht, wohl aber mit Motoren.

Eine mittelbare Änderung der Charakteristik läßt sich durch veränderliche Übersetzungen, z. B. Daumenscheiben, erreichen, und zwar in recht weitgehendem Maße und nach ziemlich beliebigem Gesetz.

Weitere Beeinflussungen sind durch Veränderung der Rückzugskraft erzielbar. Eine Zugfeder hat linear ansteigende Kraft bei wachsender Länge; diese Kraft wirkt der des Magneten entgegen, ist also von ihr abzuziehen, um die Gesamtkraft zu erhalten. Durch mehrere Federn von verschiedener Härte und mit verschiedenem Nullpunkt auf der Länge des Hubes kann man gebrochene Linienzüge der Gegenkraft erreichen, welche sich der Charakteristik des Magneten wie eine Hüllkurve anschließen, so daß der Kraftüberschuß zwar nicht konstant, aber doch nirgends zu groß wird.

Ein ähnliches Hüllkurvenprinzip wird bei Temperaturschützen benützt, um die Charakteristik des Schutzes (Auslösezeit als Funktion der Erwärmung, Stromstärke und Zeit) der Gefahrkurve des Schützlings (Zeit bis zur Erreichung einer gefährlichen Temperatur am schwächsten Punkt als Funktion der gleichen Größen) anzupassen: Temperaturrelais mit indirekter Heizung ergeben lange Zeiten, solche mit unmittelbarem Stromdurchfluß kürzere, Maximalrelais mit abhängiger Dämpfung in einem höheren Strombereich noch kürzere, und ungedämpfte Maximalauslöser im Kurzschlußbereich momentane Abschaltung.

Dämpfungsvorrichtungen für Relais und Auslöser an Selbstausschaltern zur Verzögerung des Ansprechens, für Meßgeräte zur Verringerung störender Zeigerschwingungen, werden ausgeführt: durch Verwendung großer Massen (Wagnerscher Hammer mit transportierter Kontaktscheibe, auch mit Schwungrad), Pumpen mit Luft-, Öl-, Glyzerinfüllung mit oder ohne Umlaufkanäle, Adhäsionsvorrichtungen mit einer an einer netzenden Flüssigkeitsoberfläche saugend hängenden Metallscheibe, langsam herablaufende Rotationskörper (Kugeln) auf schräger Ebene, durch enge Querschnitte fließende oder rieselnde flüssige oder geschüttete Massen (Quecksilber in engen Durchflußöffnungen, Sanduhren), Ausnützung der Reibung in Getrieben, Windflügel und Wirbelstrombremsen mit entsprechender Übersetzung im Antrieb, Uhrwerke mit Echappement und Ersetzung der Feder durch die zu dämpfende Kraft (Magnet), Kurzschlußwicklungen in Systemen mit plötzlich veränderlichen Strömen, alle Arten thermischer Deformationen mit unmittelbarer und mehr oder weniger mittelbarer Heizung (auch mit Flüssigkeits- oder Gasgefäßen, die durch eingebaute oder um die Wandungen gelegte Wicklungen, auch durch Stromfluß durch die Wandung angewärmt werden).

Schaltungen. Auch dieses umfangreiche Gebiet ist in besonderen Lehrbüchern ausgiebig behandelt. Gewisse grundlegende Regeln müssen dem Konstrukteur in Fleisch und Blut übergegangen sein, und es empfiehlt sich, zur Übung von Zeit zu Zeit selbstgestellte Aufgaben zu lösen. Dabei soll man sich nicht einseitig auf elektrischem Gebiet halten, sondern auch entsprechende mechanische Anordnungen aufsuchen.

Nur ein Beispiel: Mehrere Relais und Auslöser sollen einen Schalter öffnen, wenn ein einziges System anspricht. Bei Arbeitsstrom sind die Sekundärkontakte parallel, bei Ruhestrom in Serie zu schalten, bei mechanischer Ausschaltung schlagen alle Magnete auf dieselbe, gemeinsame Halteklinke.

Wenn aber die Unterbrechung nur eintreten soll, falls alle Systeme gleichzeitig arbeiten, so sind die Sekundärkontakte bei Arbeitsstrom in Serie, bei Ruhestrom parallel zuschalten, und bei mechanischer Einwirkung muß jedes System eine Halteklinke haben, wobei diese alle auf die gleiche Gegenklinke arbeiten.

Für die Verstärkung der Wirkung gibt es mannigfache Wege: Verstärkung und Vergrößerung der wirksamen Teile in einheitlicher Form oder Multiplikation derselben durch mehrfache Verwendung eines Normalteiles, Zerlegung von Arbeiten entweder in große Wege mit kleiner Kraft oder kleine Wege mit großer Kraft, d. h. Übersetzungen (Hebel- und Räderwerke, Schloßverklinkungen, hydraulische Übersetzungen), ferner Häufung gleichwertiger Mittel.

Sehr fruchtbar ist die Zerlegung von Kräften in Komponenten, derart, daß im Ruhezustand, wo nur geringe Betätigungsenergie zur Verfügung steht, die große Komponente durch die Konstruktionsteile aufgefangen wird, z. B. durch die Drehachse geht, und nur eine ganz kleine Komponente (tangential gerichtet) zu überwinden ist. In der Arbeitsstellung wirkt die volle Kraft. Dies Prinzip wird bei allen Fallgewichtsauslösungen, aber auch bei vielen Federauslösungen verwendet. Eine minimale Magnetkraft kann das Gewicht nahe dem Totpunkt in gehobener Stellung halten, während in der horizontalen Lage des Schwerpunktes das volle Gewicht tangential wirkt, unterstützt durch den Massenschlag.

Eine ähnliche Zerlegung von Federkräften, welche von einer Seite der Drehachse auf die andere umgelegt werden, ermöglicht auch bei geringeren Kräften (Relais) eine Schnappbewegung der Kontakte.

Eine Verstärkung der Wirkung läßt sich ferner durch Kraftspeicher erreichen (gespannte Federn, gehobene Gewichte und

Körper im labilen Gleichgewicht, sei es elektrischer Art, wie Magnetkerne in einem stark eisengeschlossenen Feld, sei es mechanischer Art, Akkumulatoren für Wasser oder elektrischen Strom, elektrische Netze, die durch Relais zu Hilfe genommen werden). Solche Kraftspeicher müssen zum Zwecke der Wirkung zum Teil aufgezogen werden, was von Hand, direkt oder indirekt (z. B. mittels eines Uhrwerkes), durch besondere Hilfskräfte oder schließlich durch die gesteuerte Vorrichtung (Ölschalter) selbst erfolgen kann.

Bei Kontaktrelais mit geringen eigenen Kräften läßt man durch die erste lockere Berührung der Zungen Hilfsspulen einschalten, welche den Druck im Kontakt verstärken. Eine andere Lösung läßt durch das Relais überhaupt keinen Kontakt bewirken, sondern nur eine Art Weiche verstellen, welche je nach ihrer Lage die Kraftwirkung eines anderen, stärkeren Systems auf den Kontakt oder an ihm vorbei leitet.

Ein fruchtbares Prinzip besteht in der Umkehrung. Umgekehrte Ursachen ergeben meist umgekehrte Wirkungen, doppelte Umkehrungen dagegen die gleiche Wirkung. Die kinematischen Umkehrungen seien nur angedeutet: Die feststehende schiefe Ebene mit darauf bewegter Last wird zum Keil, der die Last geradlinig hebt, oder in der Fortsetzung zur Schraube auf der einen Seite, zum Schneidwerkzeug auf der anderen. Erstere dient wieder zur Befestigung oder zur Bewegung, und zwar je nach Anordnung zur Erzeugung geradliniger oder drehender Bewegungen an Spindel oder Mutter. Allgemein ergibt sich die kinematische Umkehrung durch Feststellung eines anderen Gliedes in in einem Getriebe.

Arbeits- und Ruhestrom, Kontakt schließen und öffnen sind auf elektrischem Gebiet solche Umkehrungen.

Eine andere Entwicklungsreihe besteht in der Vervollkommnung des Zwanglaufes. Die einfachste Form benützt den Menschen als Glied der Kette, indem er angewiesen wird, bei bestimmten Voraussetzungen gewisse Tätigkeiten auszuüben. (Wenn die Spannung zu sehr sinkt, soll er nachregulieren.) Eine Verbesserung besteht darin, daß der Bedienende durch eine Anzeige- oder Signalvorrichtung darauf aufmerksam gemacht wird, daß er gewisse Griffe vorzunehmen oder zu unterlassen hat. (Beim Sinken der Spannung ertönt eine Klingel.) Der nächste

Schritt besteht darin, daß der Bedienende durch eine Verriegelung oder Sperrung elektrischer oder mechanischer Art verhindert wird, falsche Handgriffe auszuführen (Verriegelung an Schaltkästen: erst Schalter öffnen, dann Deckel öffnen, erst Deckel schließen, dann Schalter schließen), wobei diese Vorrichtung zunächst nur einen Anhalt gegen unbeabsichtigte Fehler bieten kann (tölpelsicher, engl. foolproof), bei weiterer Ausbildung aber der Fehler unbedingt verhindert wird, selbst wenn der Bedienende ihn absichtlich begehen will. Die höhere Art des Zwanglaufes schaltet den Menschen vollständig aus und setzt dafür selbsttätige Einrichtungen, indem mehrere Bewegungen und Wirkungen miteinander gekuppelt oder voneinander abgeleitet werden (selbsttätige Spannungsregler, selbsttätige Auslösungen).

Eine fernere Stufenreihe baut sich auf der Beobachtung von Wirkungen oder Erscheinungen auf, die geregelt werden sollen. Die einfachste Form ist die Anzeigevorrichtung, die das Eintreten einer Erscheinung nachweist, ohne ihre Größe quantitativ anzugeben (Windfahne, Spannungsanzeiger). Die nächste Stufe bildet das einfache, anzeigende Meßgerät, das den augenblicklichen Wert der Erscheinung abzulesen gestattet (Wasserstandsrohr, Manometer, Uhr, Strommesser). Will man die Summe der Einwirkungen während einer gewissen Zeit verfolgen, so bedient man sich integrierender Meßgeräte (Zähler). Die höchste Stufe bildet das registrierende Instrument, das den Verlauf des Wertes der zu beobachtenden Größe über ein gewisses Intervall zu verfolgen gestattet und in Form einer graphischen Aufzeichnung niederlegt. Solche Registriervorrichtungen können den Verlauf als Funktion der Zeit darstellen, wenn die Bewegung des Registrierstreifens mit gleichförmiger Geschwindigkeit erfolgt (Barograph, Temperaturschreiber, Strom- und Spannungsschreiber, für hohe Geschwindigkeiten Lichtschreiber). In anderen Fällen wird die Geschwindigkeit des Schreibstreifens ungleichförmig gewählt und von einer gleichzeitig zu beobachtenden Bewegung abgeleitet (Indikatordiagramm der Dampfmaschine, Zerreißdiagramm der Festigkeitsmaschine). Solche Aufzeichnungen ersetzen die punktweise Aufnahme der Werte von Funktionen zwischen zwei Veränderlichen. Eine vereinfachte Abart der Registriervorrichtungen verbindet wieder das Prinzip der einfachen Anzeige mit dem der fortlaufenden Aufzeichnung und stellt fest, daß während gewisser Bereiche, z. B. bestimmter Zeiten, eine Wirkung eingetreten ist, deren Größe jedoch nicht gemessen wird. Beide Registriervorrichtungen, die anzeigende wie die messende, können noch dadurch vervollkommnet werden, daß gleichzeitig mehrere abhängige Veränderliche aufgezeichnet werden (Strom, Spannung, Leistung und Frequenz als Funktion der Zeit, Stromentnahme verschiedener Betriebsabteilungen).

Vom einfachen, anzeigenden Meßgeräte führt wieder eine andere Gedankenreihe über das kontakt gebende (Anbau von Kontakteinrichtungen am Zeiger) zum Relais, bei dem die Messung nicht mehr in Form der Angabe von Zahlenwerten, sondern in Gestalt einer Kontaktbetätigung oder eines mechanischen Impulses (Auslöser) für irgendeine weitere Vorrichtung (Schalter) bei Erreichung, Über- oder Unterschreitung eines bestimmten Wertes der gemessenen Größe erfolgt.

Jedes Meßsystem läßt sich im Prinzip als Relais benützen, wobei zwecks Vermeidung schleichender Kontaktbewegung eine Schnappschaltung (s. o.) zu empfehlen ist. Noch besser ist es, das Meßgerät so abzuändern, daß es bei dem gewünschten Punkte labil wird und sich bei Überschreitung desselben mit zunehmender Kraft der Endlage nähert. Ein reines Meßgerät mit Dreheisensystem wird also offenes Magnetgestell ohne Eisenrückschluß, ein Dreheisenrelais aber ein gut eisengeschlossenes Feld erhalten (s. o., Charakteristische Kurven).

Nachstehend sind einige wichtigere Meßsysteme, die nach vorstehendem auch für Relais verwendbar sind, aufgeführt. Ausführliches findet man in einschlägigen Handbüchern.

Nur für Gleichstrom oder durch Gleichrichter, Ventilzellen oder ähnliche Mittel einseitig abgeänderten Wechselstrom: Bewegliche Spule im Felde eines Dauermagneten (Drehspulsystem) oder Permanentmagnet im Felde einer Spule (Magnetnadelsystem). Linearer Charakter. Auch Elektrolyse (Voltameter als Zähler).

Nur für Wechselstrom: Ausnützung der Wirbelströme in Scheiben (Drehfeldsystem). Quadratischer Charakter für Strom- und Spannungs-, linearer für Leistungsmessungen.

Durch Verbindung dieser Geräte kann man an oder in einer Leitung, in der Wechsel- und Gleichstrom übereinander gelagert gleichzeitig oder zu verschiedenen Zeiten fließen, die Größen beider Arten in Messung oder Anzeige absondern (Rückmeldungen oder Steueranordnungen durch Impulse der netzfremden Stromart, z. B. für Straßenbeleuchtung).

Für Gleich- und Wechselstrom: weiches Eisen im Felde einer Spule (Dreheisensystem) oder mehrerer, vorzugsweise gekreuzter Spulen (Kreuzspulsystem), auch gekreuzte Eisen in Zusammenwirkung mit mehreren Spulen (Kreuzeisensystem), bewegliche Spule im Felde einer festen Spule, mit oder ohne Eisen (dynamometrisches, ferrodynamisches System), elektrostatische Anziehung beweglicher Belege stark abweichender Spannung (Elektroskop, elektrostatische Spannungsmesser), stromdurchflossene und dadurch erwärmte Leiter, wie Hitzdrähte und Hitzbänder, oder Ausdehnung von den Leitern geheizter Massen, wie Metalle, Flüssigkeiten, Luft oder andere Gase (thermische Systeme). Soweit diese Geräte für Strom- und Spannungsmessungen verwendet werden, ergeben sie quadratische, die dynamometrischen und ferrodynamischen Wattmeter lineare Skalen.

Bei Nullmethoden und Brückenschaltungen kommen außer den genannten, entsprechend verfeinerten Systemen, wie Vibrationsgalvanometer, Multizellularvoltmeter, auch empfindliche Anzeigesysteme, z. B. Glimmröhre und Telephon, in Frage.

Produktmessungen sind auch möglich, indem das Quadrat der (vektoriellen oder skalaren) Differenz vom Quadrat der (vektoriellen oder skalaren) Summe der Faktoren abgezogen wird: $(a + b)^2 - (a - b)^2 = 4ab$. An einem Hebel oder einer Rolle ohne weitere Richtkraft zieht im einen Sinne etwa ein durch gleichsinnig gewickelte, koaxiale Spulen erzeugtes, im entgegengesetzten Sinne ein durch gegensinnig gewickelte, koaxiale Spulen erzeugtes Magnetfeld. Eine ähnliche Lösung ist auch mit Hitzdrähten erzielt worden.

Quotientenmessungen werden durch Fortlassung weiterer Richtkräfte in Systemen mit (räumlich oder magnetisch) gekreuzten Spulen erreicht und dienen zur Ermittlung von Widerständen und Phasenwinkeln, sowie zu Synchronisierzwecken.

Das Gebiet der **Meßschaltungen** ist so umfangreich und verzweigt, daß hier nur eine Erwähnung möglich ist. Es gibt auch hierüber gute Handbücher.

Die Zahl der Schaltungen mit Elektronenröhren ist bereits jetzt Legion, es mag aber darauf hingewiesen werden, das heute manches mit solchen Mitteln angestrebt wird, was auf anderem Wege einfacher zu erreichen ist. Auch in der Technik gibt es Moden.

Auf die Zusammenziehung von Meßgeräten sei kurz hingewiesen, etwa ein Wirkzähler mit Vor- und Rücklaufregistrierung statt zweier einfacher mit Rücklaufhemmung, oder ein Blindverbrauchszähler mit Umschaltung und 4 Zählwerken (Bezug vor- und nacheilend, Lieferung nach- und voreilend) statt 4 einzelner Blindlastzähler. Für mehrfache Registrierung wird statt mehrerer Schreibgeräte ein einziges verwendet, dessen System durch Umschaltung abwechselnd an die verschiedenen Meßgrößen gelegt wird, oder das mehrere selbständige Systeme erhält, die auf dasselbe Schreibgerät arbeiten; die Kurven werden durch ihren Charakter oder ihre Stricharten (ausgezogen, gestrichelt, punktiert usw.) oder durch verschiedene Farbe auseinandergehalten.

Die vorstehend gegebene Zusammenstellung von Konstruktionsregeln aus einem Sondergebiet ist durchaus nicht vollständig, sie wird von Fachleuten umfangreiche Ergänzungen erfahren können. Aber sie mag als Beispiel gelten, welche normale geistige Arbeit vom Konstrukteur verlangt wird, und kann in Laienkreisen die Wertschätzung derselben erhöhen, was recht zu begrüßen wäre.

VI. Gleichwerte.

Einen weiteren Weg zur Konstruktion oder Erfindung bieten die Gleichwerte oder Äquivalente. Als solche kann man die verschiedenen Mittel bezeichnen, die zu Lösungen ein und derselben Aufgabe mit dem gleichen Erfolg verwendet werden. Es folgt hieraus, daß es keine absoluten Gleichwerte gibt, sondern daß sich dieser Begriff zunächst nur auf eine Aufgabe, dann aber auf ähnliche, d. h. gleichwertige Aufgaben beziehen kann.

Für die Aufspeicherung und Ausgleichung von Energie bieten gleichwertige Lösungen: Talsperre, Schwungrad, Windkessel, elektrischer Sammler. Hat man nun eine Aufgabe zu lösen, bei der die Aufspeicherung von Energie eine Rolle spielt, so wird man diese Möglichkeiten der Reihe nach in Betracht ziehen und untersuchen, wie weit sie für den fraglichen Fall verwendbar sind. Zur Ausgleichung der Stöße im elektrischen Förderbetriebe sind Schwungrad und elektrischer Sammler als gleichwertige Mittel zu betrachten, während die Talsperre natürlich nicht in Frage kommen kann.

Zur Bewegung von Schiffen werden Schaufelrad und Schraube als gleichwertige Mittel verwendet. Eine gleichartige Aufgabe ist der Transport gewisser Güter, wie Getreide; hier führt das Schaufelrad auf das Becherwerk, und die Schraube auf die bekannte Transportschnecke. Ein drittes Mittel für die Beförderung beider Körper, des Schiffes wie des Getreides, ist die bewegte Luft, und die Feststellung der Gleichwertigkeit des Windes mit Schaufelrad und Schraube für die Schiffahrt führt zur Verwendung von Preßluft im Getreidetransport.

Andere Gleichwerte sind z. B. Kreisel und Magnetkompaß für die Angabe der Himmelsrichtung, Barometer, Siedethermometer und Pendel für die Bestimmung der Meereshöhe, Pendel und Unruhehemmung mit Feder für die Uhr.

Der Begriff Gleichwert ist aber nicht so aufzufassen, als ob die Lösungen vollständig gleichwertig seien. Trifft dies schon in einem einzigen Gebiet nicht genau zu, z. B. in demjenigen, das zur Feststellung der Äquivalente diente, so ist es noch weniger der Fall bei Übertragung der Gleichwerte von einem Bereich auf einen anderen. Eine jede Lösung wird vermöge ihrer Eigenart besondere Eigentümlichkeiten im neuen Verwendungsgebiet zur Folge haben, so daß ihre Anwendbarkeit stets gründlich untersucht werden muß und es sich ergeben wird, daß das eine Mittel für den einen Bereich vorteilhafter ist, das andere für den anderen, das dritte vielleicht für gar keinen.

Für den Überspannungsschutz elektrischer Anlagen stellen Drosselspule, Kondensator und Funkenstrecke gleichwertige Lösungen dar (cum grano salis!). Von diesen Gleichwerten ist für die Dämpfung von Kurzschlüssen aber nur die Drosselspule verwendbar, die beiden anderen scheiden aus, dafür tritt der Widerstand ein, der als eigentliche Überspannungsschutzvorrichtung keine nennenswerte Rolle spielt.

Dämpfungswiderstände für Überspannungsschutz werden in Form von Drahtwiderständen, keramischen, Wasser- und Pulverwiderständen verwendet. Für betriebsmäßige Energievernichtung scheidet dagegen die zweite und vierte Art aus, und die dritte eignet sich nur für kürzere Belastungsdauer oder behelfsmäßige Anlagen.

Zwischen Konstruktionsregeln und Gleichwerten besteht eine innere Beziehung, welche man am einfachsten durch die Art ihrer Auffindung ausdrückt:

Ist eine Aufgabe gestellt und fragt man nach ihren Lösungen, so gibt die Zusammenstellung derselben Konstruktionsregeln.

Will man zu einem technischen Begriff Äquivalente haben, so sucht man eine Aufgabe, welche er zu lösen imstande ist. und zu dieser Aufgabe neue Lösungen. Der Weg ist umständlicher und, da sich zu einem Ausgangsbegriff mehrere Aufgaben finden lassen, verwickelter.

Beispiel: Die Aufgabe, eine Leistung zu messen (Wattmeter), läßt sich durch dynamometrische, elektromagnetische, Drehfeldgeräte lösen. Daher sind diese Geräte unter sich gleichwertig, ihre Austauschung ist eine Konstruktionsregel.

Will man aber zum dynamometrischen Gerät Gleichwerte finden, so kann man verschiedene Wege einschlagen:

a) Man geht davon aus, daß das fragliche Gerät als Wattmeter dienen kann, und sucht nach anderen Wattmetersystemen, das ergibt das gleiche, wie vorstehende Regel.

b) Man knüpft daran an, daß das dynamometrische Gerät bei verschiedener Stromrichtung in entgegengesetztem Sinne ausschlägt und betrachtet diese Eigenschaft als Aufgabe. Man fragt also: Welche weiteren Meßgeräte zeigen in entgegengesetzter Richtung, je nach dem Sinne des Strom- oder Energieflusses? Antwort: Drehspulmeßgeräte für Gleichstrom und Quotienten-Meßgeräte. Das ergibt eine ganz andere Reihe von Gleichwerten, wie die Betrachtung unter a.

Hieraus folgt auch, daß eine Aufstellung von Gleichwerten, selbst für ein enges Sondergebiet, nicht so einfach ausfallen würde, wie die im vorigen Abschnitt gegebene von Konstruktionsregeln. Jede dieser Regeln ergibt in ihren sämtlichen Lösungen eine Reihe von Gleichwerten, aber ein Begriff kann in mehreren Reihen als Einzelfall vorkommen und bildet damit den gemeinsamen oder Kreuzungspunkt der Gleichwertreihen, welche den verschiedenen Regeln entsprechen.

Beispiel:

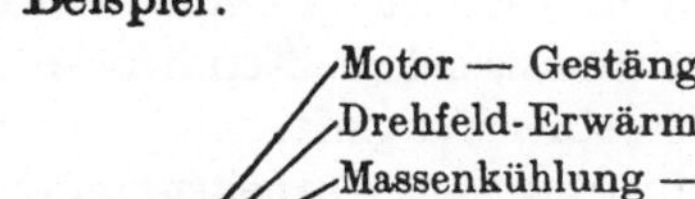

Magnet	Motor — Gestänge — Druckluft	als Antrieb
	Drehfeld-Erwärmungsdeformation	als Meßgerät
	Massenkühlung — Öl — Stufenschaltung	zur Lichtbogenlöschung
	mechanische Verklinkung	als Verriegelung
	Pinzette — Messer	zur Entfernung von Eisensplittern
	Schraubverbindung — Exzenterbefestigung	zum Einspannen von Werkstücken

Die Verwendung gleichwertiger Lösungen stellt oft eine höhere Gedankenleistung dar als die Benützung der früher erläuterten Regeln. Nach dem allgemeinen Gesetz, nach dem der Wert solcher Gedankenleistungen mit der Zeit ihres Bestehens und der Häufigkeit ihrer Anwendung sinkt, geht diese Stufe allmählich in die niedrigere über, und die Verwendung der Gleichwerte füreinander wird, zunächst im engeren Gebiete, zur festen Regel. In vielen Fällen wird man nicht unterscheiden können, ob eine solche Gedankenreihe noch zur höheren oder schon zur tieferen Stufe gehört, es wird auch von der Gewandtheit und Übung des Konstrukteurs abhängen, ob er eine solche Operation in die eine oder andere Klasse verweist. Wer viel mit elektrischen Schaltungen zu tun hat, wird es als Regel betrachten, daß er zum Schwächen des Stromes in einem Kreise das Ausschalten, Kurzschließen, Vor- oder Parallelschalten von Widerständen und die Stufenschaltung von Wicklungsabteilungen zu untersuchen hat, der Ungeübte betrachtet den Ersatz des einen oder anderen Mittels schon als die Anwendung von Gleichwerten.

Wie sich hier ein Übergang von der Verwendung der Gleichwerte zur niedrigeren Stufe der festen Regeln ergibt, läßt sich das Gebiet auch nach oben erweitern. Gleichwerte entstanden dadurch, daß man eine Übereinstimmung der Aufgaben feststellte und die für die eine gefundenen Lösungen auf die andere übertrug. Im allgemeinen werden ähnliche Aufgaben aus eng benachbarten oder verwandten Gebieten entstammen. Die Gedankenleistung wird um so größer, je weiter die gleichartigen Aufgaben innerlich von einander entfernt sind, und je fremder sich die Gebiete, aus denen sie entnommen sind, gegenüberstehen. Um Analogien aus einem fremden Bereich herüberzunehmen, muß der Ingenieur umfassendere Kenntnisse besitzen, und damit steigt der Wert seiner Tätigkeit.

Bei der heutigen Spezialisierung auf enge Arbeitsgebiete ist die Auswahl derjenigen, die eine so umfassende Kenntnis besitzen, verhältnismäßig gering geworden, und es ist schon eine Seltenheit, wenn ein Starkstromelektrotechniker Analogien und Gleichwerte aus dem Schwachstromgebiet heranholt.

Will man Gleichwerte für ein bestimmtes Gebiet aufsuchen, so empfiehlt sich eine kritische Sichtung der geschichtlichen Entwicklung, der technischen Übersichts-, Lehr- und Handbücher, sowie der Patente und Abhandlungen in Fachzeitschriften zwecks Feststellung einzelner Aufgaben und ihrer Lösungen. Auch die Preislisten verschiedener Firmen des gleichen Arbeitsgebietes sind heranzuziehen, und zwar nicht nur die neuesten. Dieses Material der lebendigen, praktischen Technik ist sogar höher zu bewerten als die übrigen Druckschriften, welche an Vollständigkeit ihm meist wesentlich nachstehen.

VII. Fernliegende Gedankenverbindungen.

Die höchste Stufe der Denktätigkeit beim Erfinden mag unter diesem Namen zusammengefaßt werden, doch muß man dabei berücksichtigen, daß hier recht verschiedenartige und verschieden wertvolle Begriffe in die Zwangsjacke einer Systemklasse gebracht sind, und daß man auch dieses Bereich in der Höhe noch mannigfaltig einteilen kann.

Es handelt sich um Verknüpfung von Gedankenverbindungen (Ideenassoziationen), die im Kopf des Erfinders aufgespeichert liegen. Man kann sie mit Saiten eines Musikinstrumentes vergleichen, die beim Anschlagen des gleichen Tones in mehr oder weniger lebhafte Schwingungen, je nach ihrer Dämpfung, geraten. Es sind nicht einzelne Begriffe und Gedanken, sondern Verbindungen derselben, die hier in Frage kommen. Sie können in der einfachsten Form als lineare Ketten aus einzelnen Gliedern betrachtet werden, von denen das eine sich nach irgendeinem Gesetz an das andere reiht, z. B. Ableitung der Wirkung aus der Ursache, Einschränkung des Begriffes durch Zusatz von Kennzeichen, Abänderung oder

Fortlassung von Eigenschaften, die unbefriedigende Ergebnisse zur Folge haben. Überwiegend handelt es sich aber um verwickeltere Gebilde, die man sich etwa als maschenförmiges Netz, oft als räumliches Fachwerk vorzustellen hat, um die Abhängigkeit eines Gliedes von mehreren anderen zum Ausdruck zu bringen. Auch die Gestalt eines Baumes, dessen vielfache Wurzeln (die Voraussetzungen) sich zu einem einheitlichen Stamme (der aus den Voraussetzungen entspringenden Tatsache) zusammenschließen, um weiter sich in eine Mehrzahl von Ästen und Zweigen aufzulösen (Folgen der Tatsache), bietet nur ein vereinfachtes Bild für die Form, in der die einzelnen Gedanken zu den Verbindungen verkettet sind.

Solche Gebilde sind nun im Gehirn des Erfinders gelagert, und seine Tätigkeit beruht in der hier zu betrachtenden Stufe darin, die getrennten Gedankenkomplexe in Beziehung zueinander zu setzen. Das geschieht vorwiegend auf dem Wege der Analogie, d. h. der Heraussuchung gleicher oder sehr ähnlicher Glieder verschiedener Ketten bzw. Knotenpunkte von Netzen und Fachwerken. Die eigenartige Leistung des Erfinders beruht darin, daß diese Gleichklänge Resonanzerscheinungen bei ihm auslösen, wie die Saiten einer Geige bei einer anderen, dadurch ihm zu Bewußtsein bringen, daß eine Verknüpfung der bisher getrennten Gedankengänge an diesem Punkte möglich ist, und damit die weitere Ableitung anbahnen.

Zwei ganz einfache Beispiele mögen dies erläutern, sie mußten aus alten Zeiten entnommen werden, um die mit dem Fortschreiten der Entwicklung in einem Arbeitsgebiet sich allmählich immer mehr verwickelnde Ausgestaltung zu vermeiden. Ob der Erfinder gerade so seine Gedanken abgeteilt hat, läßt sich natürlich nicht sagen, im allgemeinen kommen ihm ja die einzelnen Schritte gar nicht recht zum Bewußtsein.

Die Verbindung, die durch eine gestrichelte Linie dargestellt ist, zeigt die Anknüpfung der neuen Reihe an die alte. Sie erfolgt in diesem Falle durch das Unbefriedigtsein mit einer Erscheinung und Einführung der Umkehrung als Mittel zur Abhilfe. Die zweite Querverbindung zeigt die Ableitung der neuen Reihe durch Umkehrung eines Kennzeichens, die dritte das sich daraus entwickelnde umgekehrte Ergebnis.

Man wird vielleicht finden, daß dieses Beispiel nicht hierher

gehört, sondern in das einfachste Denkgebiet der festen Regeln. Das ist heute unbestreitbar richtig, war es aber nicht, als diese Er-

Erstes Beispiel: Das Sicherheits-Bruchglied.

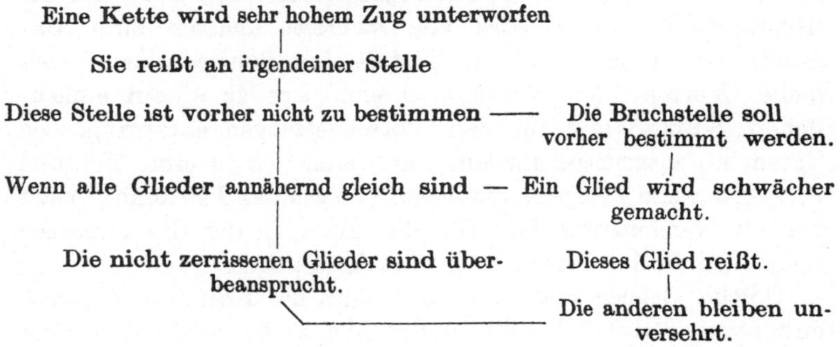

Eine Kette wird sehr hohem Zug unterworfen

Sie reißt an irgendeiner Stelle

Diese Stelle ist vorher nicht zu bestimmen — Die Bruchstelle soll vorher bestimmt werden.

Wenn alle Glieder annähernd gleich sind — Ein Glied wird schwächer gemacht.

Die nicht zerrissenen Glieder sind überbeansprucht.

Dieses Glied reißt.

Die anderen bleiben unversehrt.

Zweites Beispiel: Die Erfindung der Blei-Schmelzsicherung durch Edison.

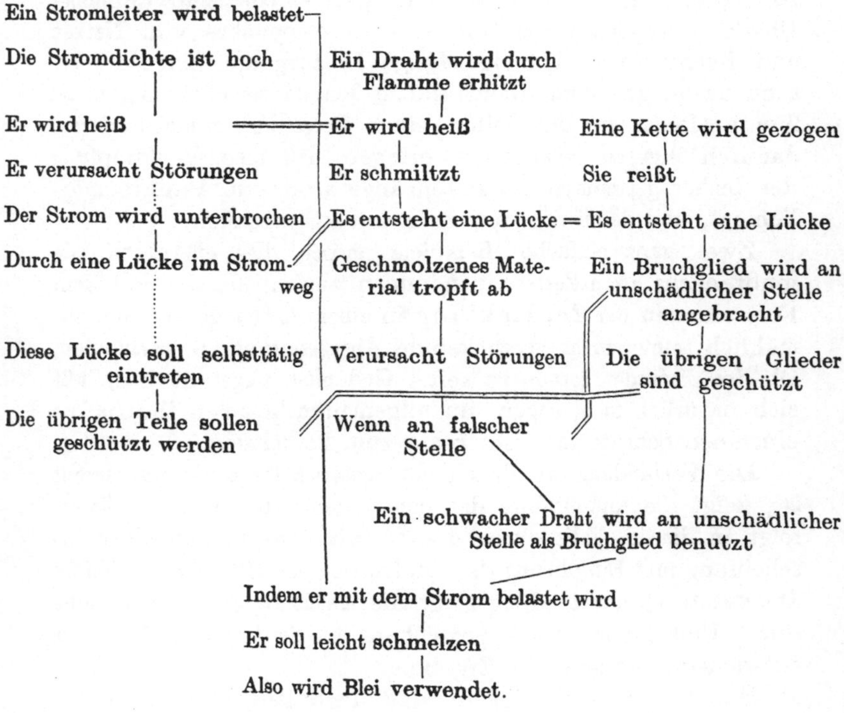

Ein Stromleiter wird belastet

Die Stromdichte ist hoch

Er wird heiß

Er verursacht Störungen

Der Strom wird unterbrochen

Durch eine Lücke im Stromweg

Diese Lücke soll selbsttätig eintreten

Die übrigen Teile sollen geschützt werden

Ein Draht wird durch Flamme erhitzt

Er wird heiß

Er schmiltzt

Es entsteht eine Lücke = Es entsteht eine Lücke

Geschmolzenes Material tropft ab

Verursacht Störungen

Wenn an falscher Stelle

Eine Kette wird gezogen

Sie reißt

Ein Bruchglied wird an unschädlicher Stelle angebracht

Die übrigen Glieder sind geschützt

Ein schwacher Draht wird an unschädlicher Stelle als Bruchglied benutzt

Indem er mit dem Strom belastet wird

Er soll leicht schmelzen

Also wird Blei verwendet.

findung noch neu war. Damals gehörte erhebliche Gedankenarbeit dazu, eine solche bisher unbekannte Verknüpfung zu schaffen.

Im zweiten Beispiele ist durch Doppelstriche angedeutet, wo Verknüpfungen der einzelnen Gedankenreihen eintreten, es sind 5 Fälle, von denen 4 auf Gleichheit der Glieder und der fünfte auf Gegensätzlichkeit zurückzuführen sind.

Schon dieses überaus einfache Beispiel zeigt ein krauses Durcheinander, ein Beweis, daß man verwickeltere Erfindungen nicht mehr so leicht verfolgen und auf dem Papier darstellen kann. Dazu kommt noch, daß die Ableitung der einzelnen Gedanken auseinander durchaus nicht immer in einer Richtung erfolgt, wie hier im allgemeinen von oben nach unten, sondern daß Kreuz- und Quersprünge, auch rückläufige Bewegungen, häufig sind. Man kehrt zum Ausgangspunkt zurück, ändert hier eine Bedingung und erhält eine neue Reihe, die mit den früheren verknüpft werden kann.

Man sieht in dem zweiten Beispiel eine Verknüpfung von Gedankenreihen aus ganz verschiedenen Arbeitsbereichen: der Elektrotechnik, der Wärmelehre, der Festigkeitswissenschaft. Sie begegnen sich an dem Punkte der Lückenbildung, hier ist die Analogie gegeben.

Das Gebiet dieser ferner liegenden Gedankenverbindungen ist noch wenig erforscht, es birgt dankbare Aufgaben für die Zusammenarbeit des Psychologen mit dem Erfinder, oder noch besser für Untersuchungen eines Forschers, der Psychologe und Ingenieur zugleich sein und erfinderische Begabung besitzen müßte. Es dürften sich manche Gesetze ableiten lassen, die die geistige Tätigkeit dieser Richtung beherrschen und Aussichten für die Weiterentwicklung und praktische Resultate verheißen.

Es ist in diesem Abschnitt nur von Erfinden, nicht von Konstruieren die Rede gewesen. Der Sprachgebrauch dehnt die Auslegung des letzteren Begriffes nicht so weit aus, daß auch diese Gedankenverbindungen darunter fielen. Man kann vielmehr, ohne die früher gegebenen Definitionen zu vernachlässigen, feststellen, daß im wesentlichen die festen Regeln und Gleichwerte das Gebiet der Konstruktion, die Gleichwerte und die ferner liegenden Gedankenverbindungen dasjenige der Erfindung bilden. Im mittleren Stockwerk überschneiden sich beide. Doch ist diese Unterscheidung nicht zu streng zu nehmen.

Auch das hier betrachtete Gebiet ist zeitlichen Veränderungen unterworfen und zwar in zwei Richtungen. Eine bestimmte Erfindung dieser Art sinkt mit der Zeit im Wert, sie bietet zunächst die Möglichkeit der Entwicklung von Äquidalenten und wird schließlich zur festen Konstruktionsregel oder zum selbstverständlichen Konstruktionselement.

Parallel mit der Wertverminderung eines gegebenen Gedankenschrittes geht die Entstehung neuer, immer weiterer und umfangreicherer Verbindungen. Jede Generation steht auf den Schultern der älteren, sie lernt von ihr und bildet das Übernommene fort. Man beginnt abgekürzt zu denken, denn die zwischen Anfang und Ende der alten Reihe liegenden Glieder sind selbstverständlich geworden und erfordern nicht mehr neue Arbeit. „Um einen Stromkreis gegen Überlastung zu sichern, nimmt man eine Schmelzsicherung", so lautet jetzt der erste Anfang einer Überlegung, die in schwierigere Gebiete führt als Edison bei seiner Erfindung ahnen konnte. 30 Jahre nach der Entstehung der ersten Bleistreifensicherungen handelte es sich um die Aufgabe, viele Tausende von Pferdestärken bei hohen Spannungen von 500 Volt in einem Stöpsel von wenigen Kubikzentimetern Rauminhalt so sicher auszuschalten, daß man auch nicht das geringste Flämmchen sah. Und diese neue Anordnung, die so unendlich viel komplizierter ist und so viel mehr leistet, enthält wohl viel mehr andauernde Konstruktions- und Entwicklungsarbeit, aber bei weitem nicht die Weite des Gedankenschrittes, wie seinerzeit der erste einfache Bleistreifen für einige Ampere und wenige Volt.

Wenn man aber bei der Zusammenfassung des ganzen ursprünglichen Gedankenganges in einen kurzen Satz nicht die Ableitung berücksichtigt (bewußt oder unbewußt), so kann man leicht Fehler machen. Es kommt z. B. vor, daß zwei gleiche Sicherungen hintereinander geschaltet werden. Dies widerspricht der Ableitung für das Sicherheitsbruchglied, das wieder einen Bestandteil für die Entwicklung der Schmelzsicherung bildete. Dort hieß es, daß ein Glied schwächer gemacht wird, aber nicht zwei. Der Erfolg dieses Fehlers ist, daß zwei Sicherungen schmelzen statt einer solchen, oder daß eine schmilzt und die andere überanstrengt und beschädigt wird. Dies ist aber sinnwidrig.

VIII. Kombinationen.

In den vorstehenden Abschnitten sind Erfindungen behandelt, bei denen Gedankenreihen sich kreuzen und als Ergebnis ein neues Gebilde entsteht. Dabei war stillschweigend vorausgesetzt, daß dieses in sich einheitlich ist und nicht in einzelne, an sich heterogene Teile zerfällt. Beispiel: die Schmelzsicherung (s. S. 48) oder der Glimmschutz (s. u. Abschnitt XIII).

Es gibt auch Zusammenstellungen einzelner Elemente, die an sich wieder durchaus komplizierte, in sich geschlossene und zuweilen für sich allein existenzberechtigte Gebilde sind, zu einer gemeinsamen, höheren Einheit, in der aber die Elemente selbst noch deutlich unterscheidbar bleiben, unter Umständen sogar selbständig sind und nur durch Schaltung oder die Art der Verwendung zusammengefügt werden. Das sind die **Kombinationen.**

Man wird also ein einheitliches Meßgerät oder Relais, welches das Produkt zweier Größen anzeigt, aber die einzelnen Größen nicht (etwa ein Wattmeter), als Kombination nicht ansprechen können, wohl aber ein zusammengebautes Instrument, welches je einen Strom- und Spannungsmesser mit eigenen Skalen enthält.

Dieses Beispiel zeigt schon, daß durchaus nicht jede Kombination den Namen einer Erfindung verdient, wenigstens in dem Sinne der Patentwürdigkeit. Zu der einfachen räumlichen Zusammenstellung muß noch etwas Eigenes hinzukommen, welches der Kombination eine Wirkung verleiht, die über diejenige der Bestandteile hinausgeht. Wenn in ein Gehäuse zwei Meßgeräte mit eigenen Skalen eingebaut sind, aber außerdem eine Diagrammskala vorhanden ist, an der man unter Visierung über den Schnittpunkt der beiden Zeiger eine dritte, von den beiden ersten abhängige Größe ablesen kann, so ist diese Wirkung erreicht.

Wenn der Schalter eines Generators in üblicher Weise eine Überstrom- und eine Rückstromauslösung erhält, von denen jede für sich die Öffnung des Stromkreises bewirken kann, so hat man eine einfache Zusammenstellung vor sich. Schaltet man aber bei Arbeitsstrombetätigung die Sekundärkontakte beider Relais nicht paralell, sondern in Serie, so erfolgt die Auslösung nicht mehr bei Überstrom aus der Maschine heraus (große Stromentnahme des Netzes), oder bei geringem Stromrückfluß in die Maschine zurück (etwa infolge kleiner Bedienungsfehler bei der Regulierung), sondern nur bei großem Stromrückfluß in die Maschine (d. h. bei starkem inneren Windungsschluß). Die kleine unscheinbare Schaltungsänderung hat also eine ganz besondere Wirkung: sie zieht die beiden Elemente zu einer einzigartigen gemeinsamen Arbeit zusammen und verhindert unerwünschte Auslösung durch ein einziges. Heute ist dies keine Erfindung mehr, sondern eine Konstruktionsregel, die seit langer Zeit zum Stande der Technik gehört. Aber dies war einmal eine Erfindung, auch wenn kein Patent darüber bestand.

Ein ganz anderes Beispiel ist der Gewichtssatz. Mit 8 Gewichten von

1, 2, 2, 5, 10, 20, 20, 50 g

kann man von 1 bis 110 g beliebige Abstufungen in Abständen von je 1 g herstellen. Die Ergiebigkeit dieses Satzes von 8 Stück ist also nicht 8, sondern 110 Zusammenstellungen. Ein weiteres Gewicht von 0,5 g ergibt nicht eine Möglichkeit mehr, sondern 111 solcher. Diese außerordentliche Mannigfaltigkeit ist das Ergebnis einer geschickten Auswahl der Stufen; mit 8 gleichen Gewichten erreicht man nur 8 verschiedene Größen. Noch wirksamer ist eine Reihe

1, 2, 4, 8, 16, 32, 64 g

die schon mit 7 Elementen 128 Zusammenstellungen erlaubt. Sie ist nicht so gebräuchlich, weil sie sich unserem Dezimalsystem nicht so gut anpaßt.

Hat man polarisierte Größen, etwa Akkumulatorenzellen oder Batterieelemente zu einer Reihe mit feinen Spannungsstufen zusammenzufügen, so ist dadurch, daß einzelne Elemente oder Gruppen zu-, ab- oder gegengeschaltet werden, eine noch wirksamere Zusammenstellung erreichbar. Die Reihe lautet

1, 3, 9, 27, 81

Wenn man der Gruppe 81 die Gruppen 27, 9, 3 und 1 entgegenschaltet, so kommt man bis auf 41 herunter, wenn man zu 27 noch 9, 3, 1 zuschaltet, bis auf 40 herauf. Hier geben 5 Einzelstufen 121 Zusammenstellungen.

Diese Kombinitionen ergeben also eine Wirkung, die über diejenige einer einfachen Addition der Zahl der Komponenten weit hinausgeht. Je mehr dies der Fall ist, um so wertvoller wird natürlich die Erfindung sein.

Eine andere Art von Kombinationen fügt die Bestandteile so zusammen, daß das entstehende Ganze völlig andere Wirkungen besitzt, wie seine Einzelteile. Dazu wird meist eine kumulative Zusammenstellung benützt, welche nur dann arbeitet, wenn die Elemente gleichzeitig, nicht aber, wenn ein einzelnes anspricht. Die Überstrom-Rückstrom-Auslösung für Generatoren war ein Beispiel dieser Gattung. Sie kann auch ganz neue Gebiete erschließen, wie die Überstrom-Spannungsverlust-Auslösung zeigt, welche das Selektivschutz-Problem elektrischer Verteilungsnetze wesentlich gefördert hat:

Überstromauslösungen mit willkürlich einstellbaren Dämpfungen konnten die Aufgabe in vermaschten oder Ringnetzen nicht erfüllen. Nullspannungs- oder Spannungsverlustauslösungen mit oder ohne Dämpfung waren nicht brauchbar, weil sie beim Fortbleiben der Spannung im Netze ohne Überlastung, also zu unerwünschter Zeit, die Ausschaltung hervorrufen. Verbindet man aber ein Überstromrelais ohne Dämpfung mit einem abhängig gedämpften Spannungsverlustrelais derartig, daß nur bei Ablauf beider eine Auslösung erfolgen kann, etwa durch entsprechende Schaltung der Sekundärkontakte oder mechanische Verbindung nach den Konstruktionsregeln, so stellt sich die Ablaufszeit der Kombination selbsttätig nach der Höhe der Spannung am Einbauort ein, und eine unerwünschte Auslösung bei Fortbleiben der Netzspannung ohne gleichzeitige Überschreitung der normalen Stromstärke wird verhindert. Damit ist also eine Verwirklichung der Forderungen des Selektivschutzes gegeben, denn in der Nähe des Fehlers ist die Spannung und damit die Auslösezeit ein Minimum, und gesunde Netzteile werden nicht mehr ausgeschaltet, weil das kranke Stück früher abgetrennt wird.

Man wird allgemein sagen dürfen, daß Kombinationen dann als patentwürdige Erfindungen bezeichnet werden können, wenn die Gesamtwirkung entweder die Summe der Wirkungen der einzelnen Komponenten übersteigt oder einen anderen Charakter erhält, als die Wirkung der Elemente. Ob die Fassung einer Entscheidung als glücklich zu bezeichnen ist, daß die Wirkung eine überraschende sein soll, mag dahingestellt bleiben.

IX. Technisches und erfinderisches Denken.

Die vorstehenden Betrachtungen führen auf die Entwicklung des erfinderischen Denkens, das eine Abart des technischen Denkens ist. Zu diesem vielbehandelten Gebiet seien daher einige Bemerkungen gemacht.

Der Ingenieur denkt anschaulich und zwar vorwiegend räumlich. In seinem Geist gestalten sich alle Vorstellungen zu Körpern, und wo der Gegenstand der Betrachtung nicht räumlich ist, wird er nach Möglichkeit durch geometrische Vorstellungen ersetzt. Dies führt auf ein Hilfsmittel zur Verarbeitung von Gedankenreihen, nämlich die graphische Darstellung. Der Ingenieur stellt sich den Verlauf einer Erscheinung mit der Zeit als Kurve vor, deren Abszissen die Zeiten, deren Ordinaten die dazu gehörigen Werte der betreffenden Erscheinung sind, und auf diese Weise entsteht ein anschauliches, räumliches Bild. Ein charakteristisches Beispiel gibt folgender Fall: Der Verfasser experimentierte mit Streifensicherungen und belastete eine solche bis zur hellen Rotglut, er erklärte dabei einem Ingenieur, daß die Temperaturverteilung längs des Streifens etwa eine Parabel sein müsse; darauf erwiderte der Zuschauer, daß er die Parabel an den Glutfarben sehe.

Bei komplizierteren Erscheinungen müssen statt der zweidimensionalen, räumliche Gebilde in drei Dimensionen treten. An der Linie, der Fläche, dem Körper läßt sich der Verlauf einfach und deutlich verfolgen, an ihnen sind die notwendigen Interpolationen und Extrapolationen in der einfachsten Weise vorzunehmen. Nur in schwierigeren Fällen oder in solchen, die größere Genauigkeit erfordern, sowie schließlich in denen, in welchen die Übermittlung der graphischen Darstellung zu umständlich ist, wird die analytische Geometrie zu Hilfe genommen und an Stelle der Zeichnung tritt die Rechnung. Der letztgenannte Fall tritt besonders dann in Erscheinung, wenn das Gebiet wissenschaftlich wenig erforscht ist und daher statt genauer Berechnungen die Faustformel angewendet werden muß, die nichts anderes ist als die der erwähnten graphischen Darstellung entsprechende analytische Formulierung oder Gleichung.

Eine besondere Art der graphischen Darstellungen sind die Diagramme und Schemata, die ebenfalls in geometrischer Form die Beziehungen mehrerer Unbekannten ausdrücken. An diesen Abbildungen werden die Erscheinungen geprüft und festgestellt, wo und in welcher Weise Abänderungen der Maschinen oder Vorrichtungen notwendig sind. Eine bestimmte Biegung im Linienzuge des Indikatordiagramms einer Dampfmaschine zeigt, daß an dieser Stelle des Hubes, wenn also der Kolben einen bestimmten Weg im Zylinder zurückgelegt hat, der Anlaßschieber für den Dampf geöffnet wird, und man kann an dem Diagramm ablesen, welche Folgen eintreten, wenn der Schieber früher oder später geöffnet wird.

In ähnlicher Weise gibt das Wechselstromdiagramm Anhaltspunkte, welche Maßnahmen zu treffen sind, um bestimmte Ergebnisse zu erzielen, etwa eine Phasenverschiebung zu verringern.

Wenn nun die Beurteilung der bekannten Erscheinungen durch solche Diagramme wesentlich erleichtert wird, so liegt es auf der Hand, daß für die Prüfung neuer Gedankengänge ein richtig aufgebautes Diagramm wertvolle Anhaltspunkte geben muß, und wer sich gewöhnt, in Diagrammen zu denken, erleichtert sich dadurch die Arbeit, die mit dem Erfinden und Konstruieren nun einmal verbunden ist, sehr wesentlich.

Man kann diese Hilfsmittel mit dem Handwerkszeug der Mathematik vergleichen, die ja auch nur aufgespeicherte Gedankenarbeit darstellt. Wenn man schreibt: $3^3 = 27$, so überlegt man auch nicht, welche Zahl von Operationen in dieser einfachen Rechnung enthalten sind, und daß man eigentlich folgendermaßen vorgehen müßte:

$$\begin{aligned} 3^3 &= 3.3.3 \\ &= 3.3 + 3.\ 3 + 3\ .\ 3 \\ &= 3 + 3 + 3 + 3 + 3 + 3 + 3 + 3 + 3, \end{aligned}$$

und daß diese Addition von 9 Gliedern durch Abzählen von der Zahl 1 bis zur Zahl 27 ausgeführt werden müßte, wozu die Finger und die Zehen nicht ausreichen würden, man also besondere Hilfsmittel, etwa Streichhölzer, brauchen würde. Die höheren mathematischen Operationen, ebenso wie die höheren technischen Denkoperationen stellen den Niederschlag einer Unsumme von Gedankenarbeit dar, die früher geleistet worden ist, sei es von anderen, sei es von dem Betreffenden selbst.

Ähnlich wie nach dem biologischen Grundgesetz das Individuum die Entwicklung der Gattung in abgekürzter Form wiederholt, nimmt der Techniker beim Lernen die Erfahrungen und Arbeiten der Vergangenheit in sich auf und drängt frühere, umfangreiche Gedankenreihen zu einem einfachen Schritt zusammen, dessen ursprüngliche Bestandteile ihm später gar nicht mehr zum Bewußtsein kommen.

Deshalb ist es eine Voraussetzung der Erfindungstätigkeit wie der Konstruktionstätigkeit, daß im Geiste des Urhebers derartige Erfahrungsreihen in möglichst großem Umfange niedergelegt sind, und jede Arbeit, die geeignet ist, solche Operationen vorzubereiten und zu begünstigen, erleichtert die Denkarbeit des Erfinders. Darum bedeutet eine Beschäftigung mit der angewandten Mathematik und Physik oder eine wissenschaftliche Arbeit, die im Sinne des technischen Denkens durchgeführt wird, die Aufspeicherung eines Gedankenschatzes, der bei passender Gelegenheit die erfinderische Tätigkeit begünstigt oder befördert, auch wenn zunächst das Resultat null oder negativ sein sollte.

Die Mathematik bietet auch noch ein anderes Beispiel, wie eine Arbeit durch geschicktes Ansetzen wesentlich vereinfacht werden kann. Wenn man zu rechnen hat (108.68):(36 . 17), so kann man sehr schnell zum Ziel kommen, wenn man auf Grund bekannter Regeln, d. h. früher aufgespeicherter Kenntnisse, schreibt $\frac{108}{36} \cdot \frac{68}{17} = 3 \cdot 4 = 12$, während man eine sehr viel umständlichere Rechnung ausführen müßte, wenn man die erst angegebene Reihenfolge innehielte. In derselben Weise lassen sich auch bei technischen Aufgaben durch zweckmäßige Anordnungen Vereinfachungen finden, die die Arbeit erleichtern. Dabei handelt es sich um eine Sache der Gewandtheit, die durch Übung, also vergangene Arbeit, gewonnen wird, Wer die Übung selbst nicht besitzt, muß sich plagen und betrachtet leicht als geniale Leistung, was nur ein Erzeugnis früherer Mühe und systematischer Ausbildung ist.

Ein anderes wertvolles Hilfsmittel der Ingenieurarbeit ist das Symbol. Man vergleicht eine verwickelte, schwer verständliche Erscheinung mit einer anderen bekannten, deren Behandlung und Beherrschung, sei es in räumlich anschaulicher, sei es in mathematischer Form, man schon kennt. An dieser bekannten Erscheinung, dem Symbol, führt man nun die Operationen durch, die an der ursprünglichen Größe anzustellen wären und untersucht, inwieweit die gefundenen Resultate anwendbar sind. Das Verfahren ist um so zweckmäßiger, je besser das Symbol gewählt ist, d. h. je genauer seine Eigenschaften mit denen der Erscheinung selbst, des Urbildes, übereinstimmen. Es sei hier nur der Vergleich des Stromes mit elektrischen Erscheinungen, der Wellen und Schwingungen mit Licht und Elektrizität erinnert. Ist das Symbol gut gewählt, die Übereinstimmung also sehr weitgehend, so lassen sich die Gedankenoperationen einfach an ihm durchführen und auf das Urbild übertragen, und die Beziehungen zwischen Symbol und Urbild werden so eng, daß man unter Umständen nur noch in Symbolen denkt und die Erscheinung direkt mit dem Namen des Symbols bezeichnet. Viele Erfindungen werden am Symbol gemacht und dann übertragen, sie würden ohne dieses nur mit den größten Schwierigkeiten oder gar nicht möglich sein.

Ein ferneres, sehr wesentliches Hilfsmittel des Ingenieurs ist das Experiment, und zwar entweder in vereinfachter Form unter Fortlassung verwickelter Nebenerscheinungen, also gewissermaßen in Reinkultur, im Laboratorium oder unter Berücksichtigung aller Nebenerscheinungen und unvermeidlicher Störungen in der Praxis. Nach Möglichkeit wird der Ingenieur beide Wege benutzen, zunächst den vereinfachten klareren und was nicht unwesentlich ist, im allgemeinen viel billigeren der Laboratoriumsprüfung, und in zweiter Reihe, wenn der erste Versuch gelungen ist, sowie in allen den Fällen, in denen er nicht durchführbar ist, den umständlichen und meist kostspieligen, auch durch viele Nebenerscheinungen unübersichtlicheren der Praxis.

Das Experiment spielt in der Ingenieurtätigkeit eine zweifache Rolle: als Mittel zur Ausarbeitung und als Prüfstein der fertigen Erfindung. Hier kommt nur die erstere Möglichkeit in Betracht, von der zweiten wird später zu reden sein. In diesem Zusammenhang gibt das Experiment die Antwort auf eine Frage, die im Verlaufe der Entwicklung und zum Zwecke ihrer Förderung gestellt wird. Dabei ist zu beachten, daß der Laboratoriumsversuch meist klare und einfache Auskünfte ergibt, aber eine richtige Fragestellung unter Ausscheidung nebensächlicher und störender Umstände und Beibehaltung oder Verstärkung der wichtigen erfordert; hat man hier nicht genügende Vorsicht und Umsicht walten lassen, so kann man leicht zu einem ganz falschen Ergebnis kommen. Beim praktischen Versuch ist dagegen in der Auswahl der Bedingungen meist kein so großer Spielraum gegeben, dafür erfordert das Resultat eine sorgfältige Auswertung, damit der Einfluß der nicht vermiedenen Nebenerscheinungen ausgeschieden, und derjenige etwa nicht eingehaltener wesentlicher Voraussetzungen entsprechend berücksichtigt wird.

Werden diese Gesichtspunkte richtig gewürdigt, so bildet das Experiment ein gutes und wertvolles Mittel zur Entwicklung der Erfindung. Meist bleibt es dabei auch nicht bei der einen Frage. Hat man auf diese die Antwort erhalten, so wird eine abgeänderte zweite Frage gestellt, deren Ergebnis wieder modifiziert wird usw., bis man einen Überblick über das betreffende Gebiet erhalten oder die Grundlagen zur weiteren Gedankenarbeit geschaffen hat.

Nur wertlose Erfindungen werden endgültig fertig, eine gute Neuerung gibt immer noch Anlaß zu zweckmäßigen Verbesserungen, die sich in der Praxis ergeben und die Fortarbeit ermöglichen und erfordern. In diesem Sinne wird die Verwendung der angeblich abgeschlossenen Erfindung zum Experiment, das die meist nicht beabsichtigte Weiterarbeit anregt und oft geradezu erzwingt.

Eine wichtige Eigenschaft des erfinderischen Denkens besteht in der Vereinfachung der betrachteten Gegenstände und Gedankenreihen. Alles Nebensächliche wird ausgeschieden, nur das Wesentliche beibehalten und verarbeitet. Der neue Körper, der konstruiert werden soll, entsteht im Geiste des Urhebers in großen, allgemeinen Zügen, denen die unerheblichen Einzelheiten, die für die praktische Ausführung unentbehrlich sein mögen, noch vollständig fehlen. Handwerksmäßige Kleinarbeit ist für die Umsetzung in die Wirklichkeit unentbehrlich, und der Konstrukteur muß sie beherrschen, soll er nicht zum Phantasten werden. Aber für das Durchdenken in großen Zügen darf nur das Wichtige und Unentbehrliche eine Rolle spielen. Ebenso wird die Entwurfsrechnung zur Überschlagsrechnung, die nur mit 3, höchstens 4 oder 5 Dezimalen ausgeführt wird, möglichst mit dem Rechenschieber, der eine größere Genauigkeit nicht erlaubt, aber schnell zum Ziele bringt. Während der Kaufmann in einer Millionenbilanz den letzten Pfennig nachweist, läßt der Ingenieur bei der vorläufigen Prüfung, die zum ersten Anhalt genügt, die Tausender fort. Der Ansatz der Rechnung birgt ja doch meist so viele Fehler oder Vernachlässigungen gegen die wirklichen Verhältnisse, daß solche absichtlichen Abweichungen um Bruchteile von Prozenten keine Rolle mehr spielen.

Man sagt, daß die Kunst des Malers nicht in dem liege, was er darstellt, sondern vor allem in dem, was er fortläßt; die Vereinfachung, Heraushebung des Charakteristischen, Fortlassung des Störenden und Nebensächlichen, sei ein Hauptmerkmal der Kunst. Auch der Ingenieur, der neue Werke aus dem Nichts schafft, ist in diesem Sinne ein Künstler, wie überhaupt der Vergleich noch weiter ausgesponnen werden kann. Ein gewisses Talent muß beiden angeboren sein, ohne dieses kann nichts Großes entstehen. Aber Ausbildung, Fleiß und Arbeit, akademische oder, was bei beiden Gattungen viel mehr bedeutet, eigene und autodidaktische Erziehung sind notwendig; sie erzeugen beim angeborenen Talent große Leistungen und bei dem Mittelmäßigen immerhin brauchbare, bisweilen achtungswerte Erfolge. Auf beiden Gebieten gibt es aber auch hoffnungslos Unbegabte, die nie auf den sogenannten grünen Zweig kommen und sich besser anderer Tätigkeit zuwenden würden.

X. Übung im erfinderischen Denken.

Aus Vorstehendem folgt, daß man das erfinderische Denken erlernen und sich darin üben kann, wenngleich eine gewisse Begabung Voraussetzung sein muß. Die akademische Ausbildung ist hierbei nicht zu verachten, obwohl sie immer nur den Anfang und das untere Stockwerk bilden kann, auf dem sich die Ergebnisse eigner Weiterarbeit aufbauen. Hierbei hängt alles von der Persönlichkeit des Lehrers ab. Ein solcher, der die großen Gesichtspunkte seines Gebietes hervorzuheben und die zwingende innere Entwicklung darzustellen vermag, wird dem werdenden Ingenieur, in dessen Seele auch nur ein Fünkchen

Begabung schlummert, Anregungen geben, die sich nicht nur auf das dargestellte Gebiet beschränken, sondern als Vorbild für andere Arbeiten weiterwirken. Dagegen wird der trockene Pedant, der sich in den Einzelheiten verliert, seinen Schüler wohl erziehen, korrekte Zeichnungen anzufertigen, aber nicht zum technischen Denken im Großen anregen. Beide Arten von Lehrern sind notwendig, und der großzügige Unterricht bringt eigentlichen Nutzen erst dann, wenn der Schüler das Handwerksmäßige beherrscht. Leider reicht die Zeit der Ausbildung in der Schule, sei es Hoch- oder Mittelschule, meist nicht dazu aus, erst den notwendigen handwerksmäßigen Unterbau zu schaffen und dann die großzügige Entwicklung vorzunehmen, und die Vorträge der letzteren Art verfehlen in manchen Fällen ihren Hauptzweck, weil die notwendige Unterlage fehlt.

Hier muß nun die eigene Arbeit einsetzen. Die Technik verträgt sich nicht mit dem Autoritätsglauben, sondern verlangt Kritik und eigene Arbeit, nicht totes Wissen, sondern lebendiges Können. Wer das Indikator- und Schieberdiagramm der Dampfmaschine als ein gegebenes Gerüst betrachtet, an dem er nur herumzuturnen hat, wird niemals eine neue Maschine konstruieren können. Es handelt sich vielmehr darum, immer daran zu denken, wie die Diagramme entstanden sind, welche Denkoperationen sie enthalten, und wie sie veränderten Bedingungen anzupassen sind.

Wer eine Formel, etwa gar eine Faustformel, als absolute Wahrheit annimmt, ohne sich stets darüber Rechenschaft zu geben, unter welchen Voraussetzungen sie entstanden ist und wieweit danach ihre Gültigkeit geht, wird bald Fehler machen, die sich in Mißerfolgen zeigen.

Auch die höchste Stufe der Erfindungstätigkeit, das Herstellen fernerliegender Gedankenverbindungen, läßt sich entwickeln und üben. Die im Gehirn des Erfinders liegenden Ideenassoziationen waren mit Saiten verglichen worden, die zur rechten Zeit in Resonanzschwingungen geraten müssen. Ihre natürliche Dämpfung läßt sich durch häufige Übung der Geistestätigkeit verringern, wie steifgewordene Muskeln durch Training zum kräftigen Spielen gebracht werden. Man nimmt sich z. B. eine gegebene Erscheinung und Vorrichtung vor und analysiert sie, um wesentliche und unwesentliche Kennzeichen zu unterscheiden.

Durch Fortlassung der letzteren erhält man einen erweiterten Begriff, der aber leicht der praktischen Bestimmtheit entbehrt. Um ihm diese wieder zu verleihen, sind neue Kennzeichen zuzufügen. So kommt man zu neuen Vorrichtungen, die den alten teils äquivalent sind, zum Teil aber andere Eigenschaften besitzen.

Wenn man bei einem Begriff das eine Mal dieses, ein anderes Mal ein anderes Kennzeichen fortläßt oder ersetzt, so kommt man auf eine neue Betrachtungsweise, die einen anderen Hauptbegriff und andere Äquivalente bietet. Gute Ergebnisse erzielt man durch Einprägung der verschiedenen so entstandenen Begriffe und Vergleich mit Analogien aus benachbarten, auch bisweilen fernerliegenden Gebieten.

Eine sehr zweckmäßige Übung im erfinderischen Denken ist auch die sorgfältige Ausarbeitung von Patentansprüchen. Will man ein weitreichendes Patent erhalten, dessen Tragweite ohne nachträgliche Auslegung durch das Gericht umfassend genug und jedem Betrachter, also auch der Konkurrenz, einwandfrei klar ist, so muß man das geschilderte Verfahren gründlich befolgen. Der Begriff, der den Gegenstand des Anspruches bildet, muß so weit wie nur möglich, die Zahl der Kennzeichen ein Minimum sein. Denn an jedem nicht unbedingt notwendigen Zusatz wird die Konkurrenz eine Einschränkung und die Möglichkeit einer Umgehung erblicken, indem dafür eine gleichwertige Änderung eingeführt wird. Will man also Zweifeln und dadurch bedingten Schwierigkeiten und Prozessen aus dem Wege gehen, so muß man dieses Verfahren durchführen, und wer dies oft tut, wird an sich merken, wie dadurch wieder die erfinderische Tätigkeit angeregt und gefördert wird.

Wenn auch die Beobachtung der eigenen Tätigkeit hierfür am ersprießlichsten sein wird, so ist doch ein kritisches Studium der Leistungen anderer nicht von der Hand zu weisen, gibt vielmehr viele Anregungen. Manche Erfindung wird durch Kenntnisnahme anderer Leistungen hervorgerufen, sei es, daß sie Verbesserungen und neue Wege auf demselben Gebiet eröffnet, sei es, daß sie ganz andere Gedankengänge anklingen läßt.

Wie jede streng logische Durcharbeitung eines technischen Gebietes erweist sich auch das Entwerfen von Preislisten als förderlich für die konstruktive und erfinderische Schulung.

Wenn man einen größeren Bereich in dieser Weise durchdenken muß, so ist man gezwungen, die Gedanken nach allen Richtungen schweifen zu lassen, um die vielen Möglichkeiten der Praxis von vornherein zu berücksichtigen und Schwierigkeiten für später aus dem Wege zu gehen, sowie die Fragen, die der Kunde stellen könnte, bereits im voraus zu beantworten. Man hat nicht nur die einzelnen Apparate und Maschinen aufzuführen, die den Gegenstand der Listen bilden, sondern man muß auch die Möglichkeit der Verbindung mit allerlei Zusatzteilen berücksichtigen, die die Verwendbarkeit in dem einen oder anderen Spezialfall zu erhöhen geeignet sind. Dabei werden einzelne Zusätze sich gegenseitig ausschließen, während andere in allen möglichen Kombinationen vereint auftreten können. Das System von einfachen und mehr oder weniger komplizierten Zusammenstellungen, das sich so ergibt, hat große Ähnlichkeit mit einer Konstruktion oder Erfindung und vielleicht dieselbe oder größere praktische Bedeutung.

Der Listenentwerfer hat ferner die Frage aufzustellen und zu beantworten, wie die Apparate verwendet werden können und ob nicht ganz unvorhergesehene Lösungen durch eine der erwähnten Verbindungsmöglichkeiten sich ergeben. Manchmal wird eine Maschine durch die Abänderungen, die sich im planmäßigen Aufbau der einzelnen Haupt- und Zusatzteile ergeben, in überraschender Weise vielseitig verwertbar, so daß dadurch ein wesentlich erweiterter Absatz entsteht.

Wie man sieht, führt dies tatsächlich zu einer Erfindung, die auf einer sekundären Aufgabenstellung beruht.

Diese allgemeinen Gesichtspunkte werden ausreichen, um verständlich zu machen, wie der Ingenieur die in ihm liegende erfinderische Begabung erwecken und fördern kann. Eine dankbare weitere Aufgabe würde es sein, daraus Regeln abzuleiten, wie die erfinderische Leistungsfähigkeit geprüft werden kann. Ähnlich wie man in neuerer Zeit den Kraftfahrer oder Flugzeugführer vor der Einstellung auf seine Eignung untersucht, um den rechten Mann an den rechten Platz zu stellen, würde mittels geeigneter psychotechnischer Verfahren auch die Auslese der Konstrukteure und Erfinder vorzunehmen sein, womit nicht nur im Interesse der Arbeitgeber, sondern auch sehr wesentlich in dem der Angestellten ein wesentlicher Fortschritt durch richtigere Ausnutzung vorhandener Fähigkeiten und Fortfall unfruchtbarer Arbeit und überflüssiger Reibungen erzielt werden würde.

Man könnte z. B. dem Prüfling Aufgaben vorlegen, die seine Kombinationsfähigkeit zeigen, ihn Lücken in Sätzen und Geschichten ergänzen lassen, ihm Rätsel und einfache technische Aufgaben vorlegen, und je nach der Eignung deren Schwierigkeit steigern. Dabei würde allerdings große Vorsicht nötig sein, um nicht zu gute oder zu schlechte Ergebnisse dadurch zu erzielen, daß der fragliche Prüfling mit dem behandelten Gebiet besonders gut oder sehr wenig vertraut ist.

XI. Gedankliche Untersuchung einer Lösung auf Brauchbarkeit.

Bei der Besprechung des allgemeinen Gedankenganges der Erfindung war erwähnt worden, daß jede Lösung auf Brauchbarkeit untersucht werden müsse. Hier soll zunächst erörtert werden, wie dies in Gedanken geschehen kann.

Der Gegenstand der Erfindung wird im Betriebe sehr verschiedenen Verhältnissen unterworfen sein, und die Mannigfaltigkeit der Beanspruchungen kann sehr groß werden. Eine erschöpfende Behandlung würde die Berücksichtigung aller dieser Möglichkeiten erfordern. Die Aufgabe erscheint unlösbar, läßt sich aber in vielen Fällen durch systematische Überlegungen bewältigen.

Man wird die Vielgestaltigkeit der Praxis in eine oder mehrere Reihen von Erscheinungen auflösen können, die durch Veränderung einer bestimmenden Größe entstehen. Mathematisch ausgedrückt, handelt es sich um eine Funktion von mehreren Veränderlichen. Man greift zunächst eine derselben heraus und untersucht, wie sich die Verhältnisse gestalten, wenn diese Größe innerhalb der praktisch möglichen Grenzen verändert, die anderen aber konstant gehalten werden. Ist man mit dieser Überlegung fertig, so wiederholt man sie durch Veränderung einer anderen Größe usf. Das Verfahren ist dasselbe wie es bei der Darstellung räumlicher Flächen angewendet wird, die man durch Schnitte parallel zu den Koordinatenebenen in Kurvenscharen zerlegt; hat die Fläche keine singulären Punkte, so genügt das Verfahren vollständig.

In jeder derartigen Überlegungsreihe wird man aber auch nicht sämtliche Fälle zu untersuchen haben, sondern sich auf eine geringe Anzahl charakteristischer Möglichkeiten beschränken können. Der einfachste Fall ist der einer stetig ansteigenden oder fallenden Funktion, die demnach am einen Ende des betrachteten Bereichs ihren niedrigsten, am anderen ihren höchsten Wert hat. Hier genügt es, die beiden Grenzfälle zu betrachten, da alle übrigen augenscheinlich auch in ihrer Wirkung dazwischen liegen.

Will man z. B. die Wirkungsweise einer Schmelzsicherung untersuchen, so wird man in vielen Fällen mit den beiden Grenzwerten zum Ziele kommen, nämlich mit der Untersuchung des Grenzstromes, d. h. des geringsten Stromes, bei dem die Sicherung gerade noch schmilzt, und des größten möglichen Kurzschlusses. Letzteren berücksichtigt man, indem man in der Rechnung den Stromwert unendlich setzt.

Dieses Verfahren ist aber nur dann zulässig, wenn die geschilderte Voraussetzung zutrifft, d. h. die Funktion in dem betrachteten Bereich nicht nur stetig ist, sondern auch kein Maximum oder Minimum besitzt. Der Hebelschalter hat für die Schaltleistung häufig bei gegebener Spannung ein solches Minimum, das bei einer mittleren Stromstärke liegt. Will man also seine Leistungsfähigkeit feststellen, so darf man nicht nur mit ganz kleinen und ganz großen Stromstärken probieren, sondern man muß auch den kritischen Punkt herausfinden und untersuchen.

Solche Überlegungen beziehen sich natürlich nicht nur, wie die beiden angeführten Beispiele, auf die experimentelle Prüfung, sondern auch auf die Betrachtung auf dem Papier und in Gedanken.

Im allgemeinen wird eine Mehrzahl solcher Untersuchungsreihen notwendig sein. Der geschickte Ingenieur vermag sie aber durch sorgfältige Überlegung auf eine verhältnismäßig geringe Zahl zu beschränken. Will man z. B. die Wirkung einer selbsttätigen Überstromschutzvorrichtung für Drehstrom ableiten, so genügt es, zwei Untersuchungsreihen anzustellen, nämlich die eine für einen Schluß zwischen zwei Phasen und die andere für einen Erdschluß in einer Phase. In jeder dieser Reihen sind zwei Grenzwerte zu untersuchen, nämlich für den geringsten Auslösestrom und den größten möglichen Strom, unter Umständen noch ein dritter Wert für eine dazwischenliegende kritische Stromstärke.

XII. Die Feuerprobe der Praxis.

Man kann eine Erfindung erst dann als einigermaßen abgeschlossen betrachten, wenn sie sich in der Praxis bewährt hat. Zwischen diesem Stadium und dem, was bisher betrachtet worden ist, liegt ein weiter Weg mit vielen Hindernissen und Schwierigkeiten, ja man kann sagen, daß die wirkliche Arbeit erst anfängt, wenn die Erfindung auf dem Papier oder in dem Versuchsexemplar vollendet scheint. Schon die Umsetzung in die praktische Form bedeutet eine mühevolle Arbeit und verlangt häufig mehr oder weniger einschneidende Abänderungen, und viele Erfindungen sehen in der Ausführung ganz anders aus als in der Patentanmeldung.

Um die Erfindung lebensfähig zu machen, müssen nach dem Erfinder noch viele Köpfe und Hände helfen, der Zeichner, der Werkstattsingenieur, der Arbeiter, der Kaufmann und mancher andere. Es bedeutet eine Verkennung wirtschaftlicher Tatsachen, wenn man dem Erfinder einen Rang vor oder über den anderen einräumen will. Seine Tätigkeit liegt zeitlich früher und ist notwendig für das Entstehen des Neuen, aber die Leistung der anderen ist ebenso notwendig und unentbehrlich, und es erscheint daher unberechtigt, dem einen, nur weil er der Erste in der Reihe ist, einen größeren Anteil an Ehre und Nutzen zu gewähren.

Ist das Fabrikat auf den Markt gebracht und in die Praxis eingeführt, so folgt erst die eigentliche Feuerprobe, und manche scheinbar schöne Erfindung hat ihr nicht standhalten können, weil Nebenumstände unberücksichtigt geblieben waren, die sich nachher störend bemerklich machten und nicht fortzuschaffen waren. Manche dieser Störungsmöglichkeiten bestehen aus ganz geringfügigen Einflüssen, gewissermaßen Imponderabilien, deren Wirkung sich erst nach langer Zeit fühlbar macht, die an sich so unscheinbar sind, daß man sie vernachlässigte oder mit Recht unbeachtet lassen zu können glaubte, während sie durch die allmähliche Steigerung ihrer Wirkung einen zersetzenden und zerstörenden Einfluß ausüben.

Ferner können Umstände, die nicht vorauszusehen waren, die schönste Erfindung wertlos machen, so Änderungen der Marktlage, Auftreten anderer Erfindungen, die denselben Zweck auf anderem, besseren Wege erfüllen oder das Bedürfnis nach anderer Richtung lenken. Wie eine Erfindung eine neues Gebiet zu erschließen vermag, so ist sie auch bisweilen imstande, ein anderes Gebiet zu sperren. Die Dampfturbine und der Gasmotor haben die Bedeutung der Kolbendampfmaschine erheblich verringert und die Erfindungen auf diesem Gebiete entsprechend entwertet.

Diesen Schwierigkeiten muß der Erfinder durch dauernde Abänderung und Anpassung begegnen, und in diesem Sinne wird eine gute Erfindung niemals vollständig fertig.

XIII. Die Geschichte einer Erfindung als Beispiel.

Nachstehend wird an Hand eines Beispieles die Entwicklung einer Erfindung vom ersten Gedanken bis zur geschäftlichen Verwertung verfolgt, um zu zeigen, welche Arbeiten auf diesem Wege zu leisten sind, welche Hemmnisse sich entgegenstellen, und wie sie zu überwinden sind.

Es ist hierfür der Glimmschutzapparat gewählt, der auf Anregungen und Arbeiten des Verfassers beruht, und mit dessen Entwicklung der Verfasser in allen Stadien vertraut ist.

a) Grundlegende Gedankenarbeit. Das erste Patent (DRP 291324) wurde im November 1914 angemeldet, also zu Beginn des Krieges. Die Überspannungsschutzfrage war damals besonders zeitgemäß, weil es galt, jede Störung der für die Landesverteidigung beschäftigten Betriebe zu beseitigen. Die Aufgabe war also die bekannten Strom- und Spannungswellen unschädlich zu machen, welche bei Änderungen des elektrostatischen oder elektromagnetischen Zustandes einer Leitung oder eines elektrischen Netzes auftreten.

Der Verfasser knüpfte an eine amerikanische Mitteilung an, wonach in den dortigen Höchstspannungsnetzen für 100 kV die Wellen durch die Koronaerscheinungen so stark gedämpft würden, daß diese Leitungen von Überspannungsschäden verschont blieben. Diese Nachricht war allerdings sachlich falsch, denn unsere 100-kV-Leitungen in Deutschland, welche an Güte der Herstellung den amerikanischen sicher nichts nachgeben, sind, wie die Erfahrungen der letzten Jahre zeigen, von solchen Schäden durchaus nicht frei.

Es galt nun, die Koronaerscheinungen auf die für Deutschland damals viel wichtigeren mittleren Netzspannungen in der Größenordnung von 6 bis 25 kV anzuwenden. Die Korona ist ist nicht anderes als das bekannte Elmsfeuer, d. h. die Ausstrahlung hochgespannter Elektrizität an scharfen Spitzen und Kanten, und ist eine mit dem Geruchssinn deutlich feststellbare Veränderung der Luft, die Bildung von Ozon und salpetriger Säure. Die Überlegung zeigte, daß die Strahlungen um so intensiver sein mußten, je näher die einzelnen Körper verschiedener Spannung aneinander gebracht würden. Dem stellte sich aber der Übelstand entgegen, daß bei hinreichender Annäherung leicht ein Überschlag stattfinden konnte, der die Isolation der Phasen gegeneinander oder gegen Erde überbrückte und dadurch wieder eine Störung hervorrief, nämlich einen Kurz- oder Erdschluß mit seinen verhängnisvollen Folgen.

Dementsprechend wurde 1914 eine Schutzvorrichtung zum Patent angemeldet, bei welcher Körper mit scharfen Spitzen oder Kanten Körpern anderer Polarität entgegengestellt sind, dadurch gekennzeichnet, daß durch die Form eines zwischen den Elektroden angeordneten Isolierkörpers die Wege der Überschlagsfunken derart verlängert sind, daß ein solcher Überschlag bei Erhöhung der Spannung selbst dann verhindert wird, wenn die elektrische Festigkeit der Luft überschritten ist, so daß der Ausgleich nur durch stille Entladungen (Elmsfeuer) erfolgen kann.

In diesem Vorschlage findet sich also auf der einen Seite die Annäherung der strahlenden Körper verschiedener Polarität und ihre Trennung durch ein durch- und überschlagsfestes Isoliermittel, auf der anderen Seite aber auch eine Zusammendrängung der früher längs der ganzen Leitung verteilten, an sich schwachen Wirkung auf einen einzigen Punkt bei wesentlich gesteigerter Form, also in einem Apparat, der im Innern einer Station untergebracht und für Wartung und Beobachtung jederzeit zugänglich aufgestellt werden konnte.

Damit war die Erfindung fertig, aber sie war bisher nicht

mehr als ein Stück Papier. Das Patent wurde im Februar 1916 erteilt. Es war bis dahin überhaupt noch nicht ausgeführt worden, denn die schweren Zeitläufte des Krieges leiteten die ganze Energie der Firma und des Verfassers auf andere, dringendere Aufgaben. Von Zeit zu Zeit wurde in den seltenen Mußestunden die Sache auch wieder hervorgeholt und weiter überlegt. Die erste Zusatzanmeldung stammt vom Oktober 1917 und schützte eine konstruktive Ausgestaltung, die sich nachher nicht bewährt hat und fallen gelassen wurde. Im Laufe der Zeit ist eine ganze Reihe weiterer Zusatzanmeldungen eingereicht worden, von denen nur ein Teil praktische Verwendung gefunden hat. Viele der an sich aussichtsreichen Ideen konnten schon dem Versuch im Laboratorium nicht widerstehen und zeigten sich als unzweckmäßig.

Bei den ersten Überlegungen ergab sich bereits die Schwierigkeit der Materialauswahl, sowohl für den trennenden Isolierkörper als auch für die der starken Strahlung und dadurch mechanischer und chemischer Beanspruchung unterworfenen Elektroden, Spitzen und Kanten. Überlegungen führten dazu, daß wohl Glas bei weitem der geeignetste Isolierkörper sein würde. Organische Isolierstoffe schieden wegen ihrer Angreifbarkeit durch die Strahlung von vornherein aus, und Versuche, welche mit anderen keramischen Körpern angestellt wurden, zeigten, daß Glas bei richtiger Qualität jedem anderen Material überlegen war. Für die Elektroden erwiesen sich Eisen und Aluminium als besonders günstig, letzteres ist allerdings in der Praxis nicht viel verwendet worden.

b) Konstruktion. Mit vorstehenden Überlegungen war die Erfindung im wesentlichen fertig, die hauptsächlichen Baustoffe gewählt. Nun hieß es, die praktische räumliche Anordnung der letzteren, die Konstruktion, schaffen. Die Aufgabe derselben ist also, kurz umrissen: es sind Elektroden aus Eisen oder Aluminium mit scharfen Spitzen oder Kanten durch einen Glaskörper über- und durchschlagssicher zu trennen.

Es ist dabei zu unterscheiden: 1) Konstruktion der Elektroden, 2) Konstruktion des Glaskörpers, 3) Konstruktion des Gestelles, welches Elektroden und Glaskörper trägt.

1) Die Elektroden müssen zur Erzielung kräftiger Wirkung eine große Anzahl von scharfen Spitzen und Kanten erhalten, und damit sich die Entladung nicht an einzelnen Stellen stark,

an anderen aber schwach oder gar nicht entwickelte, mußten die Formen so gewählt werden, daß sie über die ganze Fläche hinreichend gleichmäßige Abstände zu wahren gestatteten.

Eine Zusammenfassung von einzelnen Nadeln bot in dieser Hinsicht Schwierigkeiten, ebenso wie die praktische Ausführung umständlich und teuer war. Ein Gefäß mit eingeschütteten, scharfkantigen Spänen hätte nun eine horizontale Lage der Elektroden und Ausführung der unteren ermöglicht, während die andere, obere, so nicht hergestellt werden konnte; auch war die räumliche Lage der Spitzen dabei unregelmäßig, also die Wirkung unsicher. Der Gedanke, gelochte Bleche mit stehenbleibendem Grat an den Lochrändern zu verwenden, wurde nach reiflicher Überlegung als unzweckmäßig verworfen. So kam man auf Bündel geradliniger Blechstreifen, welche scharfkantig ausgeschnitten oder gestanzt werden konnten und unter Zwischenfügung von Abstandsstücken aufzureihen waren, so daß sich Rechen mit parallelen Kanten und Zwischenräumen ergaben. Blechstärke und Breite der Spalten wurden festgelegt.

Die Oberfläche jeder Elektrode konnte nun eben oder gekrümmt sein. Das erstere ermöglicht, auch bei verschiedenen Abständen gleiche Entfernungen über die ganze Fläche zu wahren, bietet also den Vorteil einer einfachen und bequemen Einstellung.

Jetzt war noch die Frage, wie die Blechebenen der beiden Elektroden zu einander stehen sollten: parallel oder gekreuzt. Man entschied sich für das letztere, und zwar mit einer Versetzung um 90°. Dabei stehen einer durchlaufenden Kante der einen Elektrode eine große Anzahl von Schnittpunkten sämtlicher Kanten der anderen gegenüber, so daß das elektrische Feld etwa die Form eines solchen zwischen schachbrettartig angeordneter scharfen Ecken oder Punkten annahm.

Da aus Herstellungsgründen der Glaskörper zweckmäßig die Form eines Rotationskörpers haben sollte, ergab sich die Grundfläche jedes Rechens als ein annäherndes Quadrat, welches bei Verwendung gleicher Bleche die beste Raumausnützung ermöglichte.

In dieser Form wurden nun die Elektroden ausgeführt und in den Betrieb genommen. Dabei zeigte sich aber, daß die Wirkung nicht auf der ganzen Fläche gleichmäßig war, sondern daß an den scharf abgeschnittenen Enden der Bleche stärkere Strahlungen auftraten, wodurch einerseits der Glaskörper an der entsprechenden Stelle übermäßig beansprucht, also unnötig gefährdet wurde, andererseits die Ecken der Bleche etwas zerstäubten und Niederschläge auf dem Glas erzeugten. Deshalb wurde später diese Ecke verrundet.

2) Der Glaskörper mußte genügend lange Überschlagswege ermöglichen, das ergab bei plattenförmiger Ausbildung sehr große und unbequeme Dimensionen, wenn die Spannung nicht ganz gering war. Deshalb wurde eine Glockenform gewählt, die später noch einen hutkrempenartigen Rand erhielt. Der Durchmesser des Bodens war durch die Diagonale der Rechengrundfläche, welche in der Glocke mit hinreichendem Spielraum unterzubringen war, gegeben, die Höhe des Randes und die Breite der Krempe durch die Bedingung, Randüberschläge zu vermeiden.

Die Wandstärke mußte ausreichen, um Durchschläge, auch bei sehr hoher Spannung, bis zur Überschlagsgrenze, zu verhindern und ließ sich nur durch Versuche festlegen, denn Faustformeln und Normalzahlen aus Handbüchern genügten nicht. Bei mäßigen Betriebsspannungen, bis zu etwa 20 kV zwischen den Phasen, ließ sich diese Bedingung mit einer Glocke erfüllen. Darüber hinaus, bis 60 kV, mußten deren zwei verwendet werden. Letzteres wieder konnte so geschehen, daß die Glocken mit den Böden gegeneinander und den Öffnungen nach außen angebracht wurden, wobei man mit jeweils zwei gleichen Stücken auskam, oder daß die Glocken einseitig, ineinandergeschachtelt, eingebaut wurden, dann aber natürlich verschiedene Durchmesser erhalten und die Lagerhaltung erschweren mußten. Beide Anordnungen wurden ausgeführt.

Bei sehr hohen Spannungen wurde die Lösung der Aufgabe noch viel schwieriger, sie erforderte bei 100 kV nicht weniger als vier Glocken verschiedener Größe und Form und eine große, runde Scheibe in der Mitte, dazu die nötigen isolierenden Zentrier- und Haltevorrichtungen.

Für die ersten Versuche und Ausführungen benützte man, um besondere Glaskörper nicht anfertigen zu müssen, normale Abdampfschalen, wie sie für chemische Zwecke im Handel zu haben sind, und erzielte damit recht befriedigende Ergebnisse. Später wurden eigene Formen und Maße festgelegt, auch die nötigen Prüfvorschriften in umfangreichen, schwierigen Versuchsreihen entwickelt.

3) Bei dem Gestell war zunächst Drehstrom als das Übliche vorauszusetzen, wodurch sich die Frage erhob: Sternschaltung der drei Pole des Apparates gegen Erde oder Dreieckschaltung zwischen den Phasen. Der erstere Weg erwies sich als der zweckmäßigere.

Wie sollten die Pole gegeneinander räumlich angeordnet werden, nebeneinander in einer Reihe, oder etwa in gleichseitigem Dreieck um einen Träger in der Mitte? Beides wurde versuchsweise gebaut, schließlich zeigte sich, daß die Wünsche der Abnehmer stark auseinandergingen, so daß eine einpolige Form gewählt wurde, die sich an Ort und Stelle nach Wunsch zusammenstellen ließ.

Es erübrigt sich, alle Einzelheiten der Stütz- und Tragkonstruktion zu besprechen, es sei nur auf die Einstellvorrichtungen zur parallelen Festhaltung der Rechen in bestimmter, nach der Betriebsspannung zu verändernder Entfernung und auf die bereits erwähnten Zentrier- und Haltevorrichtungen für die Glaskörper, auf die Fragen der Leitungsführung und der Formgebung der Metallteile im Gebiet des starken elektrischen Feldes hingewiesen.

Das Vorstehende ist nur ein Teil der konstruktiven Tätigkeit zur Ausführung einer verhältnismäßig einfachen Erfindung. Gibt es außerhalb der Fachwelt wohl viele Köpfe, die eine Ahnung von dieser Summe von Kleinarbeit haben, welche unscheinbar hinter der so oft und so gern bengalisch beleuchteten Fassade der Erfindung, des Patentes, sich verbirgt?

Das ist das Reich des Konstrukteurs: jedes Einzelne, wie das Ganze eine Unzahl kleiner, mehr oder weniger normaler, handwerksmäßiger Operationen, die Neues aus dem Nichts schaffen, also im Sinne unserer Definitionen kleine Erfindungen, wenn auch ihnen das Kennzeichen des patentwürdigen Fortschrittes zum größten Teile fehlt.

c) Erprobung und Einführung. Die Versuchseinrichtungen erlaubten wohl, bei normaler Frequenz von 50 Perioden pro Sekunde die Spannung mittels Prüftransformatoren in weiten Grenzen zu verändern, so daß man Glimmerscheinungen, Strahlung bei höheren Spannungen und auftretende Gleitfunken beobachten konnte; aber eine Prüfung der eigentlichen Wirksamkeit ließ sich nicht ausführen, weil die Mittel zur Herstellung bestimmter, sich gleichbleibender Wellen und Wellenzüge nicht vorhanden waren.

Der Verfasser bemühte sich, Elektrizitätswerke für den Einbau und die Erprobung des neuen Apparates zu interessieren, fand aber überall scharfe Ablehnungen, insbesondere weil man fürchtete, daß die Glasglocken aus irgendeinem Grunde zu Bruch gehen könnten und dann Kurz- und Erdschlüsse entstehen würden, daß also statt der Bekämpfung eines Übels unter Umständen die Hervorrufung eines größeren die Folge sein könnte, und man den Teufel mit dem Beelzebub austreiben würde.

Nach langen Bemühungen gelang es, ein großes Werk zu gewinnen, welches in drei Verteilungsanlagen untergeordneter Bedeutung bei verschiedenen Spannungen solche Apparate einbauen und im Betrieb beobachten wollte. Der erste Glimmschutz wurde im Herbst 1920, also etwa 6 Jahre nach der Anmeldung des Patentes, in Betrieb gesetzt. Damit war ein ganz wesentlicher Fortschritt erzielt worden, dessen Bedeutung für den praktischen Erfolg gar nicht zu überschätzen ist. Es bedurfte einer längeren Probezeit, bis man zunächst feststellen konnte, daß der Apparat nichts schade, und dann, daß eine gewisse Verminderung in der Anzahl der auftretenden Störungen an der betreffenden Stelle zu beobachten sei. Diese Abnahme konnte aber auch auf andere Ursachen zurückgeführt werden, denn es war nicht eindeutig feststellbar, daß nur durch den Einbau des Schutzes dieser günstige Erfolg erzielt wurde. Die Betriebsleitung des Werkes stellte sich vorsichtiger- und begreiflicherweise auf den Standpunkt, daß die Sache noch nicht geklärt sei, und daß man weitere Beobachtungen machen müsse. Man hatte ja Zeit, und die Apparate waren natürlich kostenlos für den Versuch zur Verfügung gestellt worden. Da aber in der Zwischenzeit auch aus anderen Netzen Erfahrungen vorlagen, die günstig erschienen, und insbesondere einige kleinere Werke rückhaltslos feststellten, daß bei ihnen seit dem Einbau von Glimmschützen die Zahl der Defekte sehr stark zurückgegangen war, bzw. daß solche vollständig ausblieben, so schien ein günstiges Ergebnis des Versuches immerhin annehmbar.

Das Werk, welches die ersten Glimmschütze in Betrieb genommen hatte, und welches sich immer noch auf einen ungläubigen Standpunkt stellen zu müssen glaubte, wurde ersucht, einen Schutz zeitweilig in Betrieb zu lassen, und stellte fest, daß während der Betriebsdauer des Apparates die Störungen aufhörten, und kurze Zeit nach der Abschaltung bereits wieder ein Defekt vorlag.

Nachdem so durch intensive Verfolgung der Erfahrungen der Praxis eine gewisse Basis gefunden war, mußte nun die Propaganda einsetzen, denn es genügt nicht, eine gute Erfindung ausgeführt zu haben, man muß es auch den anderen deutlich genug sagen, daß sie da ist, und daß sie gut ist.

Es wurde sowohl der Weg mündlicher Behandlung durch Reisen und Besuche des Verfassers bei Abnehmern und durch Vorträge in Fachvereinen gewählt, als auch der ungleich wirksamere der wissenschaftlichen Belehrung. In kurzen Zwischenräumen erschienen mehrere Broschüren, welche in rein sachlicher Art, unter möglichster Vermeidung eines eigentlichen Reklamecharakters, den neuen Apparat und die an ihm vorgenommenen Versuche, sowie die praktischen Ergebnisse des Betriebes schilderten. Diese Broschüren wurden den leitenden Persönlichkeiten der betreffenden Abnehmerkreise direkt zugesandt, auch in Zeitschriften auf diese Drucksachen, die auch im Buchhandel erhältlich waren, hingewiesen.

Daneben ging eine intensive Propaganda durch Inserate in Fachzeitschriften, welche die Wirkung und die Erfolge in kurzen Schlagworten und in sinnfälligen Darstellungen, teilweise eindringlich stilisierter Art, brachten. Besonders wirksame Inserate wurden in Heftchen zusammengefaßt und wieder an die Kundschaft versandt.

Ferner wurde noch persönliche Fühlungnahme des Verfassers und seiner Mitarbeiter bei den betreffenden Kreisen der Abnehmer gepflegt, es fanden häufige und lebhafte Diskussionen statt, sowie zahlreiche Besuche in den Stationen, welche Glimmschutzapparate enthielten, zwecks Feststellung der gemachten Erfahrungen und Abgabe von Ratschlägen zur Beseitigung von Übelständen und Schwierigkeiten.

Man hatte mit einer zum Teil recht übelwollenden Konkurrenz zu kämpfen, die alle Anstrengungen machte, um den neuen Apparat nirgends Fuß fassen zu lassen. Es wurden wissenschaftliche Gefechte zwischen den Ingenieuren beider Parteien geführt, zum Teil in Diskussionen vor großen Fachvereinen, zum Teil in engerem Zusammensein mit bestimmten Abnehmern. Das Übermaß der

Gegenwirkung konnte schließlich von der Inhaberin des Patentes als Argument für die Güte der Sache mit Erfolg ausgenützt werden.

War zunächst die Begründung der Gegenseite darauf gerichtet, daß der Apparat überhaupt nichts nütze und nur eine Spielerei sei, ferner daß er selbst Defekte und Schäden hervorrufen müsse, so hatte man sich bald mit den durch die Praxis gegebenen Beweisen des Gegenteils abzufinden und beschränkte sich nun darauf, die Wirksamkeit, besonders mit Rücksicht auf die geringe Menge der abzuführenden Energie anzuzweifeln. Auch hier ergab sich wieder wissenschaftlicher Streit um die Frage, wie groß die Energie der Wanderwellen an sich eigentlich sei, innerhalb welcher Zeiten merkliche Leistungen abzuführen seien, und worin der grundlegende Unterschied des Glimmschutzes von den bekannten Funkenstrecken, Hörnerableitern usw. liege.

Im Prüffeld wurde unterdessen wissenschaftlich weitergearbeitet, um zu versuchen, die Ergebnisse der Praxis experimentell nachzuprüfen und nachzubilden, so daß man in der Lage wäre, dem Kunden in der Fabrik durch Versuche den Beweis der Leistung des Apparates zu erbringen. Es wurden Einrichtungen zur Stoßprüfung, zur Erzeugung scharfer und kurzer Wellen gebaut, welche ein genaueres Studium ermöglichten, und mit denen auch viele für den Abnehmer sehr interessante und auffällige Versuche vorgeführt werden konnten. Diese Arbeiten gestatteten nun wieder eine neue, intensivere Propaganda dadurch, daß die maßgebenden Kreise zu persönlichem Besuch der Firma und zur Besichtigung der im Prüffeld vorzuführenden Versuche eingeladen werden konnten. Daß diese Besuche auch gleichzeitig einen sehr wohltätigen Einfluß auf die Verkaufstätigkeit des Unternehmens in anderen Erzeugnissen ausübten, war eine erwünschte Nebenwirkung.

Parallel mit der wissenschaftlichen Erforschung liegen konstruktive und fabrikatorische Durcharbeitung. Besonders ist zu erwähnen, daß die Glasglocken in immer größeren Dimensionen erforderlich und hergestellt wurden, und daß man nach vielen Versuchen sich mit einer der ersten Glashütten auf eine ganz bestimmte Glassorte, Erzeugungsart und Prüfung einigte. Kurzzeitige Mißerfolge aus der Praxis wiesen darauf hin, daß infolge mangelhafter Kontrolle ungeeignete Glocken in den Verkehr gekommen waren. Es mußte sofort für entsprechende Ergänzung und Verschärfung der Abnahmeprüfungen gesorgt werden.

Es wurde bereits erwähnt, daß die Nachricht, welche eigentlich den Anstoß zu der Erfindung gab, falsch war. Trotzdem hat sich die ausgearbeitete Lösung als lebensfähig und gut erwiesen. Merkwürdigerweise zeigte sich aber, daß auch die Anschauung, die zu ihrer Ausbildung führte, den späteren Prüfungen nicht standhalten konnte. Wenn man ursprünglich von der Umwandlung der Energie der Wellen in chemische Energie ausging, so zeigten die gründlicheren Versuche, daß derjenige Teil der Energievernichtung, welcher auf den geschilderten Grund zurückzuführen ist, verhältnismäßig untergeordnete Bedeutung hat. Es wurde zeitweilig die Hypothese aufgestellt, daß merkliche Ströme durch das Glas hindurchgehen, welches ja kein absoluter Nichtleiter, sondern wie jeder Isolator, ein Körper sehr hohen Widerstandes ist. Kleine Ströme können in diesem großen Widerstand sehr wohl erhebliche Energiemengen vernichten. Auch diese Hypothese kann aber nur einen Teil der Wirkung erklären.

Heute wird, im Zusammenhang mit neueren Untersuchungen moderner Forscher, der Gleitfunkenbildung an der Oberfläche des Glases der wesentliche Anteil zugeschrieben, und die neuerdings mit ganz sorgfältigen Mitteln durchgeführte, genaue Untersuchung scheint dieser Erklärung recht zu geben. Trotzdem dürfte es bei der Komplikation der gesamten Erscheinungen und angesichts des Umstandes, daß es sich um ein ganz unbekanntes, wissenschaftlich nicht erforschtes Gebiet handelt, gar nicht ausgeschlossen sein, daß noch weitere Überraschungen erfolgen und Schwenkungen in der Erklärung der Wirkung notwendig werden.

Auch die konstruktive Ausbildung ist durchaus noch nicht abgeschlossen, so harren z. B. die Anordnungen für niedrige und für besonders hohe Spannungen noch einer befriedigenden Lösung.

Eine gute Erfindung wird eben niemals ganz fertig.

XIV. Die Stellung des Erfinders zur erzeugenden Industrie.

Im folgenden sollen die Beziehungen des Erfinders zu der Industrie besprochen werden, die den Gegenstand ausführt. Solche Beziehungen können mehr oder weniger intim sein. Nur der Fachmann, der jahrelang wissenschaftlich und besonders wirtschaftlich in einem Gebiet tätig ist, kann die vorhandenen Bedürfnisse überblicken, deren Befriedigung durch Stellung und Lösung neuer Aufgaben einen wirtschaftlichen Fortschritt ermöglicht, oder weitschauende Maßnahmen treffen, um neue Bedürfnisse zu wecken und damit neue Absatzgebiete zu schaffen. Es läßt sich nicht leugnen, daß in vereinzelten Fällen auch Außenseiter fruchtbare Gedanken hervorgebracht haben, aber dies bezieht sich doch mehr auf wissenschaftliche Entdeckungen, die langjährige eingehende Arbeit dem Nichtfachmann ermöglichen kann, — man denke an den Arzt Robert Mayer und das Gesetz von der Erhaltung der Arbeit. Wirtschaftliche Fortschritte wird nur der bringen können, der in der Wirtschaft wurzelt, und der in systematischer Entwicklungsarbeit aus dem ihm bis in die äußersten Verzweigungen offen daliegenden Gelände neue Früchte zieht, oder der umgekehrt aus der Handhabung des Erzeugnisses die Mängel des Vorhandenen herausfindet, die eine Abhilfe erfordern.

Dies führt auf eine Unterscheidung der Erfinder nach ihrer wirtschaftlichen Stellung zum Erzeugnis, in Erzeuger und Verbraucher. Der erstere gestaltet seine Arbeit nach der Kenntnis des Marktgebietes, aufbauend, der letztere kann ihm dazu das von ihm gefundene Bedürfnis mitteilen und dadurch eine Anregung geben. In diesem Falle kommt es darauf an, ob die Aufgabe schon in einer Form gestellt ist, die unmittelbar eine praktische Lösung ermöglicht oder ob sie noch umgestaltet und verarbeitet werden muß, ehe sie eine Fassung gewinnt, die sich dem aufbauenden Geist des Konstrukteurs anpaßt. Danach wird die Frage zu beurteilen sein, ob der anregende Verbraucher als Miterfinder zu betrachten oder die ganze Leistung dem Erzeuger zuzuschreiben ist. Dagegen kann der Verbraucher auch zum alleinigen Erfinder werden, wenn er selbst die Aufgabe in der passenden Form stellt und danach die Lösung entwickelt oder vorschreibt.

Umgekehrt wird in vielen Fällen der Erzeuger von einem anderen Erzeuger, dem Konkurrenten, angeregt werden, dessen Schutzrechte ihn in seiner wirtschaftlichen Bewegungsfreiheit beengen und zur Einschlagung neuer Wege zwingen, die denselben Erfolg bringen oder ein anderes Arbeitsgebiet zur Befriedigung gleicher Bedürfnisse erschließen sollen. Ein gutes Patent ruft Umgehungs- oder Konkurrenzpatente hervor, in Fällen, wo der technische Nutzen fraglich ist, auch bisweilen diametral entgegengesetzte Gedankengänge.

In nahem Zusammenhang mit der Unterscheidung der Erfinder in Erzeuger und Verbraucher steht die andere Einteilung in Einzelerfinder und Erfindergesellschaft (Unternehmen). Der Verbrauchererfinder ist wohl stets Einzelerfinder, auch wenn er einem Unternehmen angehört, selbst dann, wenn seine Erfindungen kontraktlich diesem Unternehmen zustehen. Denn dieses arbeitet ja wirtschaftlich in ganz anderer Richtung und hat wohl im einzelnen Falle an der Benutzung des erfundenen Gegenstandes, selten aber an seiner Herstellung Interesse.

Die Erfindung des Erzeugers ist in vielen Fällen, in manchen Industrien beinahe ausschließlich, eine Etablissementserfindung. Denn nur die Arbeit des betreffenden Unternehmens, seine jahrelang aufgespeicherten Erfahrungen, Erfolge oder Mißerfolge, ermöglichen die Auffindung der Lücke, die ausgefüllt werden soll und den Aufbau der einzelnen Elemente zur neuen Erfindnng. Nur einige Industrien, wie z. B. die chemische, geben bis zu einem gewissen Grade für Einzelerfinder die Möglichkeit, in planmäßiger Laboratoriumsarbeit und Ausnutzung der Literatur, aber ohne innigeren Zusammenhang mit dem praktischen, wirtschaftlichen Leben, Neues zu schaffen, das dem Begriff der Erfindung entspricht. In den übrigen Fällen stammen die Anregungen und meistens die einzelnen Bausteine aus dem lebendigen Wirken des Unternehmens, wenn auch vielleicht ein einzelner den Schlußstein zum Bau fügt.

Es ist früher auseinandergesetzt worden, in welchem Umfange Konstruktion und Erfindung übereinstimmen, und der Konstrukteur ist zum Konstruieren angestellt. Was er in dieser vertraglichen Tätigkeit leistet, gehört unbedingt der Firma, die ihn in Form von Gehalt oder Beteiligung dafür bezahlt. Es ist unberechtigt, dem Konstrukteur eine besondere Entschädigung zuzubilligen, wenn seine Arbeit unter dem Namen Erfindung patentiert wird, denn wie früher ausgeführt, entstehen die wirtschaftlichen Werte und damit auch die Gewinne des Unternehmens zu gleichen Teilen aus der Arbeit derer, die dafür ebenso unentbehrlich sind, und deren Zurücksetzung gegenüber dem Konstrukteur unbillig ist. Auch eine Erfindung, die höhere Gedankenarbeit voraussetzt, also etwa die Schaffung fernerliegender Gedankenverbindungen enthält, wird dann ganz dem Unternehmen zuzusprechen sein, wenn der Urheber eine Stellung bekleidet, in der solche Tätigkeit von ihm erwartet werden kann oder muß. Wenn das Unternehmen einen Ingenieur auf Grund seiner erfinderischen Leistungen und mit einer entsprechenden Entlohnung angestellt hat, so liegt offensichtlich die Absicht vor, diese Tätigkeit dem Unternehmen dienstbar zu machen, und der Angestellte unterwirft sich durch Eingehung des Verhältnisses dieser Bedingung, es sei denn, daß ihm vertraglich besondere Rechte an etwaigen Erfindungen zugesichert werden. Richtiger ist es, wenn das Unternehmen ihn am Umsatz und dem Nutzen der betr. Abteilung, besser aber des Ganzen, nicht etwa nur der Erfindung, beteiligt. Andernfalls würde er auf eine, der Entwicklung des Geschäftes schädliche Bahn der einseitigen Bevorzugung seiner Geisteskinder gedrängt und zu einem Übermaß an Erfindertätigkeit veranlaßt werden. Und das letztere ist vom Übel, denn der Mann, der jeden Tag neue Gedanken bringt und eine geregelte Fabrikation dadurch nicht entstehen läßt, der bei jeder Konstruktion, die ihm vorgegeben wird, erst tagelang überlegt, wie er es anders machen kann, stört den Betrieb aufs empfindlichste, anstatt ihn zu fördern. Die geschilderte Beteiligung ist dagegen geeignet, die besonderen geistigen Fähigkeiten des Mannes auch in anderer Richtung nutzbar zu machen, wobei er wie das Unternehmen auf ihre Rechnung kommen.

Vom Standpunkt der Berufsehre sollte der Ingenieur stets das Interesse haben, den Begriff der Konstruktion möglichst weit auszulegen und die Erfindung, die nach üblicher Auffassung eine über das Normale hinausgehende Leistung darstellt, zur Seltenheit stempeln. Es ist doch schließlich das Interesse des technischen Berufs, daß ihm höhere Leistungen, als Zeichnungen zu pausen und Einzelteile herauszuzeichnen, zugeschrieben werden.

Ganz anderer Art ist die Erfindung des Außenseiters, die häufig auf dem von Juristen erfundenen sogenannten Geistesblitz beruht. Es kommt leider, wie bei dem Mangel an Sachkenntnis erklärlich, nicht viel Praktisches dabei heraus. Auch heute noch wird manches Perpetuum mobile angemeldet, wenn auch meist in verschämter Form, oder ein Gebiet, das gerade Mode ist, wird mit „neuen“ Gedanken befruchtet, die, wenn auch nicht der alte Methusalem, so doch schon vergangene Generationen gekannt und zum Teil als unbrauchbar beiseite gelegt haben. Die Elektrotechnik, die Kriegsindustrie in den ersten Zeiten des Weltkrieges, die Luftschiffahrt wissen ein Lied davon zu singen. Für einen Statistiker wäre es z. B. eine lohnende Aufgabe, festzustellen, wie oft die Anbringung leuchtender Radiumpräparate an Teilen, die nachts sichtbar sein sollen, an Uhren, elektrischen Schaltern, Druckknöpfen usw. erfunden und angemeldet worden ist. Derartigen Gebrauchsmustern begegnet man heute immer wieder.

Da eine Patentanmeldung im allgemeinen den vorhandenen Druckschriften und praktischen Ausführungen nicht so genau gleicht, wie ein Ei dem anderen, so gelingt es bisweilen, auf solche Erfindungen, d. h. tatsächlich auf den minimalen Unterschied des Neuen gegenüber dem Bekannten, bei genügender Ausdauer und Beharrlichkeit ein Patent zu erhalten, dessen Schutzumfang und damit praktischer Wert höchst dürftig ist, und wenn das nicht glückt, so bleibt immer noch die Möglichkeit eines Gebrauchsmusters.

Aus dieser Art entspringt zum großen Teil die vielgenannte und viel bemitleidete Gattung des „armen Erfinders“, der für sein Schutzrecht keine Verwertung findet und Geld und Arbeit vergebens geopfert hat.

Es gibt natürlich auch einzelstehende, fachkundige Erfinder, die gute Gedanken niedergelegt haben, aber diese wird man nicht zur Gattung des armen Erfinders zählen können, weil ihnen die erzeugende Industrie ihre Erfindungen stets gern abnehmen wird, solange ihre Forderungen sich im Rahmen des Möglichen bewegen. Die Industrie, wenigstens die fortschrittlich gesinnte, hat alle Veranlassung und volles Interesse daran, gute Neuerungen aufzunehmen und auszubeuten, und sie hat durchweg, schon im eigenen Interesse, den Wunsch, daß der Erfinder ein angemessenes Entgelt für seine Leistung erhält und zur Weiterarbeit mit ihr angeregt wird. Aber die Forderungen dürfen natürlich nicht derart sein, daß der Firma bei dem Geschäft nur das Risiko ohne einen entsprechenden Nutzen bleibt. Je enger der Schutzbereich eines Patentes oder Gebrauchsmusters, und je größer damit die Wahrscheinlichkeit wird, daß bei einer erfolgreichen Verwertung des Artikels die Konkurrenz Umgehungen findet, die ohne Lizenzgebühren und Kosten, also billiger auf den Markt geworfen werden können, um so niedriger muß das Entgelt des Erfinders ausfallen. Die Klagen der Einzelerfinder sind zum großen Teil auf nicht genügendes Verständnis dieser wirtschaftlichen Notwendigkeiten zurückzuführen. Hierdurch, sowie durch die Bedingungen, die dem Erfinder eine unter Umständen über das Interesse der Fabrik hinausgehende Sicherung der Ausführung und Steigerung des Absatzes garantieren sollen, entstehen Schwierigkeiten für die Verwertung der Einzelerfindung, die aber nicht der ablehnenden Haltung der Industrie zugeschrieben werden dürfen.

XV. Patentwürdigkeit.

Die Ausführungen dieser Abhandlung, insbesondere die Abschnitte über Konstruktionsregeln und Gleichwerte, haben den Zweck zu zeigen, daß viele Maßnahmen zu den gebräuchlichen Arbeiten und zum üblichen Rüstzeug des Konstrukteurs und Ingenieurs gehören, daß daher ihnen die Patentwürdigkeit abgesprochen werden muß.

Es wäre falsch, darin eine patentfeindliche Stellungnahme des Verfassers zu erblicken. Es wird auf manchen Gebieten heute zu viel patentiert, und das führt zur Existenz zahlreicher minderwertiger Schutzrechte, welche der Allgemeinheit nicht nützen, sondern schaden, weil sie die Entwicklung der Technik und die Arbeit der Industrie hemmen. Unser Patentgesetz hat zwar dagegen ein Korrektionsmittel geschaffen, indem die jährlichen, in der Höhe mit dem Alter stark zunehmenden Gebühren eine ersprießliche Auslese der existenzfähigen und existenzberechtigten Patente selbsttätig bewirken. Es wäre aber erwünscht, nicht erst diese nachträgliche Besserung eines unerquicklichen Zustandes abzuwarten, sondern von vornherein alles auszuscheiden, was nicht wert ist, geschützt zu werden. Dadurch würde nicht nur eine empfindliche Beunruhigung und Störung vermieden, sondern auch der heute bestehende Zwang, alles, auch das Unwichtige, anzumelden, damit nicht ein anderer den berechtigten Arbeitsbereich des Konstrukteurs einengt. Die Zahl der Gesuche und die Überlastung des Patentamtes würde abnehmen und die Möglichkeit geschaffen werden, die Erfindungen erst richtig durchzuarbeiten, ehe sie eingereicht werden. In dieser Hinsicht wird heute noch viel gesündigt, weil man die Fixigkeit vor die Richtigkeit stellen muß.

Für gute und starke Patente bedeuten aber die Bestrebungen dieser Abhandlung keine Schwächung, sondern eine durchaus erwünschte Kräftigung, denn durch handwerksmäßige Schritte, wie sie als Konstruktionsregeln und zum Teil als Gleichwerte angegeben sind, kann ein gutes Patent nicht umgangen werden, solche Abänderungen fallen natürlich in den geschützten Bereich.

Die Ausführungen bedeuten also den Kampf gegen kleine und schlechte, daher schädliche, aber für gute, große und wertvolle Patente. Gleichzeitig zeigen sie die Vielseitigkeit und den Umfang der Tätigkeit des normalen Konstrukteurs, der nicht als „Erfinder" aus dem Rahmen seiner tüchtigen Fachgenossen heraustritt, und mögen in außenstehenden Kreisen die Wertschätzung seiner Arbeit, die heute noch allzu sehr im Verborgenen blüht, erhöhen und sein eigenes Standesbewußtsein stärken.

Zusammenfassung und Schlußbemerkung.

Nach einer Erklärung der Begriffe des Erfindens und Konstruierens ist in dieser Arbeit der Versuch gemacht worden, die Denktätigkeit beider zu erläutern und ihre leitenden Gesichtspunkte und Regeln zu entwickeln. Es ist gezeigt worden, daß Erfinden Arbeit ist und aufgespeicherte Erfahrungen voraussetzt, ferner wie diese gesammelt und verwertet werden können. Daraus ergibt sich die Möglichkeit, bei Vorhandensein einer gewissen Begabung das Erfinden und Konstruieren zu lernen und zu lehren, und damit eine Aussicht auf Förderung unserer Produktion, die im Interesse des verarmten Deutschlands verfolgt zu werden verdient.

Ein engeres Sondergebiet, auf dem der Verfasser während zweier Jahrzehnte in leitender Stellung tätig war, ist unter diesem Gesichtspunkte als Anweisung für die Fachgenossen des gleichen Gebietes und als Anregung zur Übertragung auf andere Zweige der Technik in zahlreichen Beispielen eingehend behandelt.

Viele allgemeine Hinweise sind ausdrücklich gegeben, andere für den Fachmann mehr oder weniger leicht abzuleiten.

Gleichzeitig bemühen sich die Ausführungen, gewisse wesentliche Grundsätze zur Psychologie des Erfinders und Konstrukteurs aufzustellen, die auch zur Beurteilung der Streitfragen zwischen den Parteien von Wert sein können und denjenigen, die über das Schicksal der gewerblichen Schutzrechte zu entscheiden haben, seien es Anmelder und Inhaber derselben oder die Wettbewerber, die Prüfer des Amtes oder die Gerichte, als Leitfaden zu dienen geeignet sind.

Die Arbeit des Patentingenieurs in ihren psychologischen Zusammenhängen. Von **Ludwig Fischer.** (102 S.) 1923. RM 2.50

Werner Siemens und der Schutz der Erfindungen. Von **Ludwig Fischer.** (Sonderabdruck aus „Wissenschaftliche Veröffentlichungen aus dem Siemens-Konzern", Band II.) (73 S.) 1922. RM 2.—

Der internationale Rechtsschutz der Patente, Muster, Warenzeichen und des Wettbewerbes. Mit Erläuterungen von Dr. **Albert Marck,** Patentanwalt in Berlin. (138 S.) 1924.

RM 4.80; gebunden RM 5.70

Die sowjetrussischen Verordnungen über Patente und gewerbliche Muster von 1924 nebst Auslegungsbeschlüssen. Ins Deutsche übersetzt und bearbeitet von Dipl.-Ing. **F. Neubauer,** Patentanwalt, und Dipl.-Ing. **O. Serafinowicz,** Ing.-Technolog. (68 S.) 1926. RM 4.80; gebunden RM 5.70

Die Patentanmeldung und die Bedeutung ihres Wortlauts für den Patentschutz. Ein Handbuch für Nachsucher und Inhaber deutscher Reichspatente. Von Dr. phil. **Heinrich Teudt,** Regierungsrat im Reichs-Patentamt. Zweite, verbesserte und vermehrte Auflage. Mit 16 Textfiguren, Beispielen und Auszügen aus den einschlägigen Entscheidungen. (138 S.) 1921. Gebunden RM 3.20

Erfindung und Nachahmung. Beiträge zu deren Tatbestandsanalyse als Grundlage des Rechtsschutzes. Von Patentanwalt **Richard Wirth.** (268 S.) 1914. RM 6.—; gebunden RM 7.50

Urheber- und Erfinderrecht. Von Geh. Hofrat Dr. **Philipp Allfeld,** Professor an der Universität Erlangen. (27 S.) 1923. (Aus „Enzyklopädie der Rechts- und Staatswissenschaft", Band XIV.) RM 1.40

Katalog der Bibliothek des Reichspatentamtes. Stand vom 1. Oktober 1922. Catalogue of the library of the German Patent Office. 3 Bände von zusammen 5000 Seiten. 1923. Gebunden RM 80.—